BIOLOGY CHEMISTRY & PHYSICS

探索生物、
化学和物理

［英］北巡游出版公司（North Parade Publishing Ltd.）/编著　邹蜜 / 译

重庆出版集团 ⓖ 重庆出版社

探索科学世界的入门指南

Biology, Chemistry & Physics
Copyright © North Parade Publishing Ltd. 2019
Chinese version © Chongqing Publishing & Media Co., Ltd. 2022
This edition published and translated under license from North Parade Publishing Ltd.
All rights reserved.
版贸核渝字（2019）第 222 号

图书在版编目 (CIP) 数据

探索生物、化学和物理 / 英国北巡游出版公司编著；邹蜜译 .
— 重庆：重庆出版社，2022.2
ISBN 978-7-229-16407-2

Ⅰ . ①探… Ⅱ . ①英…②邹… Ⅲ . ①生物 – 青少年读物
②化学 – 青少年读物③物理 – 青少年读物 Ⅳ . ① Q-49 ② O6-
49 ③ O4-49

中国版本图书馆 CIP 数据核字 (2021) 第 265895 号

探索生物、化学和物理
TANSUO SHENGWU、HUAXUE HE WULI
[英] 北巡游出版公司 编著 邹蜜 译

责任编辑：刘喆 苏丰
责任校对：李小君
装帧设计：胡甜甜

重庆出版集团 出版
重庆出版社
重庆市南岸区南滨路 162 号 1 幢 邮政编码：400061 http://www.cqph.com
重庆升光电力印务有限公司 印刷
重庆出版集团图书发行有限公司 发行
全国新华书店经销

开本：889mm×1194mm 1/16 印张：7.25 字数：80 千
2022 年 2 月第 1 版 2022 年 2 月第 1 次印刷
ISBN 978-7-229-16407-2
定价：49.80 元

如有印装质量问题，请向本集团图书发行有限公司调换：023-61520678

目录

细胞简介

　　几乎所有生物都是由细胞构成的。细胞是有机体最基本的结构和功能单位。有些微生物（比如细菌）是单细胞生物。其他有机体，比如植物和动物，则由数十亿计的细胞构成。

◀ 人类的皮肤由数十亿个皮肤细胞组成，它是人体的保护屏障和感觉器官。

▲ 细菌可以与其他细菌以链状或团块形式共存。

细胞的发现

　　1665年，列文虎克首次发现细胞。他用自己发明的简易显微镜观察一片软木薄片，看到许多孔状结构，自此开启了人们对细胞的研究兴趣，"细胞生物学"作为一门独立的学科开始兴起。后来，施莱登和施旺提出了细胞学说。他们认为，细胞是生物最基本的单位，所有生物都是由细胞构成的，并且新细胞只能由已存在的细胞分裂而来。

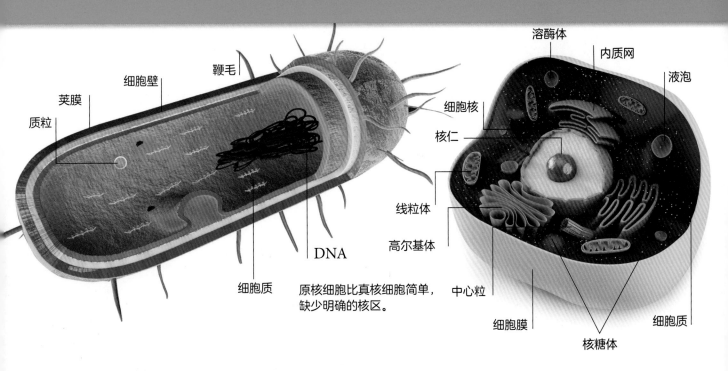

溶酶体
内质网
液泡
细胞壁
鞭毛
细胞核
荚膜
核仁
质粒
线粒体
高尔基体
DNA
中心粒
细胞质
细胞膜
细胞质
核糖体

原核细胞比真核细胞简单，缺少明确的核区。

原核生物和真核生物

原核生物：它们没有明显的细胞核，遗传物质不以染色体的形式排列，而是呈现单个紧凑的环状结构，其中含有细胞生存和繁殖需要的所有蛋白质编码信息。在进化出更为复杂的真核生物的几百万年之前，原核生物是地球上唯一的生命形式。

真核生物：它们的决定性特征是具有一个界限清晰的区域，而这一区域称为细胞核，集中分布有遗传物质，其外围由核膜包裹。

原核生物

1.遗传物质以单个环状结构的形式存在。

2.无界限清晰的细胞核或者专门集中脱氧核糖核酸分子（DNA）的区域。

3.基因组排列十分紧凑，只包含编码蛋白质的区域。

4.无膜结合细胞器。

5.具有复杂的细胞壁，并且因物种的不同而有所差异。

6.通常为单细胞生物。

真核生物

1.遗传物质以线性染色体的形式存在。

2.具有界限清晰的细胞核，内含核仁，外有核膜包被。

3.基因组中存在大量重复排列的DNA，这些DNA不编码任何蛋白质。

4.具有膜结合细胞器。

5.通常为多细胞生物。

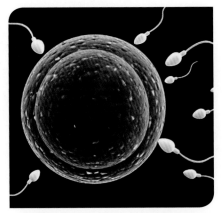

▲ 卵细胞是人体内最大的细胞之一，直径可达0.15毫米。

细胞大小

单个细胞十分微小，需要通过显微镜才能观察到。细胞的大小千差万别。变形虫的全身直径约为0.1毫米，在适当的条件下肉眼可见。人类的卵细胞也相对较大，而红细胞是人类最小的细胞之一。

百科档案

原核生物的平均直径大小是1到10微米。真核细胞的直径大小从10微米到100微米不等。

动物细胞和植物细胞

动物细胞具有界限清晰的质膜与膜结合细胞器。植物细胞具有明显的细胞壁，而动物细胞则没有。植物细胞可以利用阳光制造自身所需的养料。

不同的细胞器具有特定的功能。这些细胞器包括：

质膜：将所有细胞器包围起来，是细胞的保护膜。

细胞核：细胞最重要的部分，内含细胞生长、活动和繁殖所需的DNA。

线粒体："细胞的动力车间"，负责将氧气和营养物质转化为能量。

内质网：制造、加工和运输化合物的囊状网膜结构。

高尔基体：负责将内质网上合成的化合物分门别类地运送到细胞内特定部位或细胞外。

核糖体：由核糖核酸（RNA）和蛋白质组成的微小细胞器，参与蛋白质的合成。

溶酶体：单层膜包被的细胞器，内含消化酶。

中心粒：由九束微管组成，协助细胞分裂。

鞭毛/纤毛：细胞表面的突起，为细胞提供运动功能。

微丝、微管和中间纤维：为细胞提供结构支持。

液泡：具有贮藏作用，内含重要的化合物和营养物质，可以促进细胞生长。

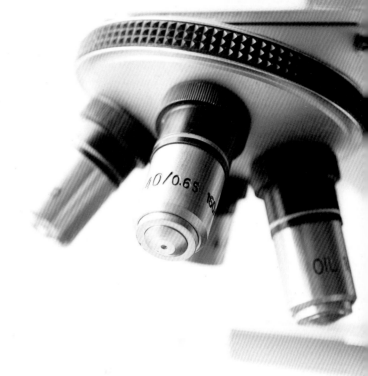

植物和藻类细胞还具有以下成分：

细胞壁：为细胞提供支撑结构的保护层。

叶绿体：参与光合作用，帮助植物利用光能制造营养物质。

▼ 植物细胞与动物细胞的不同之处在于前者具有清晰的细胞壁。

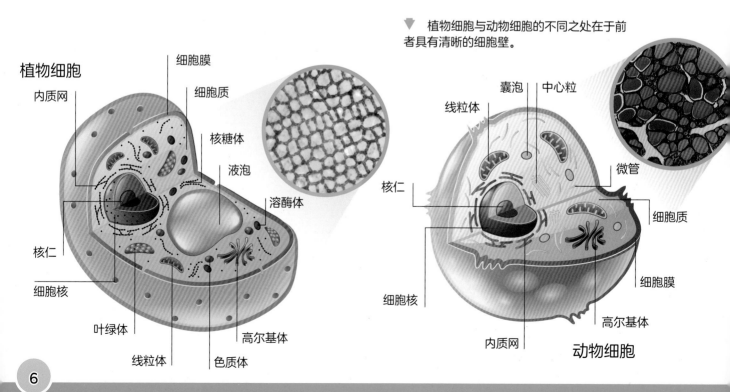

细胞分化

　　未成熟的年轻细胞发育为具有特定功能的细胞的过程称为细胞分化。可以分化为任何一种细胞类型的细胞称为全能细胞。动物的干细胞和高等植物的分生细胞都可以分化为不同类型的细胞。这些细胞称为全能细胞。

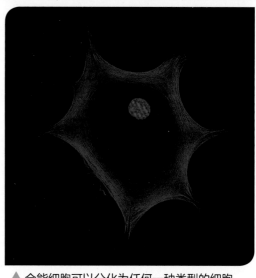

▲ 全能细胞可以分化为任何一种类型的细胞。

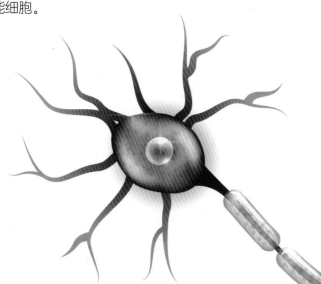

◀ 神经元是一种通过电信号传导兴奋的特化细胞。

细胞特化

　　单细胞生物生存和繁殖所需的全部功能都在一个细胞中发挥作用。多细胞生物则更为复杂，依靠某些细胞类群行使特定的功能。基于不同的功能和目的，细胞类群由不同大小、形状的特化细胞组成。细胞的结构和功能的差异性由基因决定，即通过激活特定的基因，可以形成具有特定功能的特化细胞。

　　以下为部分特化细胞：

　　神经元：也称神经细胞，可长达1微米，负责机体内信号的传导。

　　红细胞：呈纽扣状，内含色素血红蛋白。红细胞负责将氧气从肺部运输到机体的各个部位，并将机体各处的二氧化碳运输到肺部。

　　根毛细胞：分布在植物根系中的特化细胞，其毛发状的突起用于吸收水分和营养物质。

　　保卫细胞：分布于植物的叶和茎。植物通过气孔交换水分和二氧化碳时，保卫细胞负责控制气孔的打开和关闭。

百科档案

　　一个成年人身上的特化细胞超过200种，分别行使不同的功能。

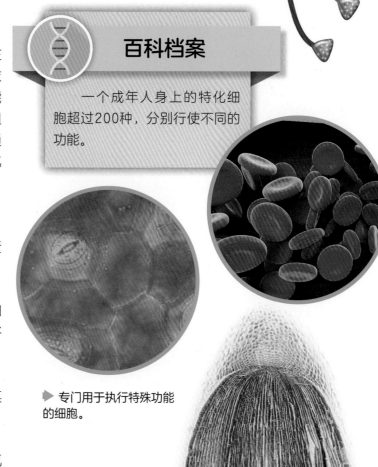

▶ 专门用于执行特殊功能的细胞。

细胞分裂

　　人体内的细胞一直处于分裂状态，不断产生新细胞，以替换衰老细胞。一个细胞可以通过分裂形成两个细胞，而这两个细胞又可以进一步分裂成四个细胞，以此类推。这个过程称为细胞分裂。生命始于一个细胞，等到成人时，我们身体中的细胞数量将会达到数十万亿个。

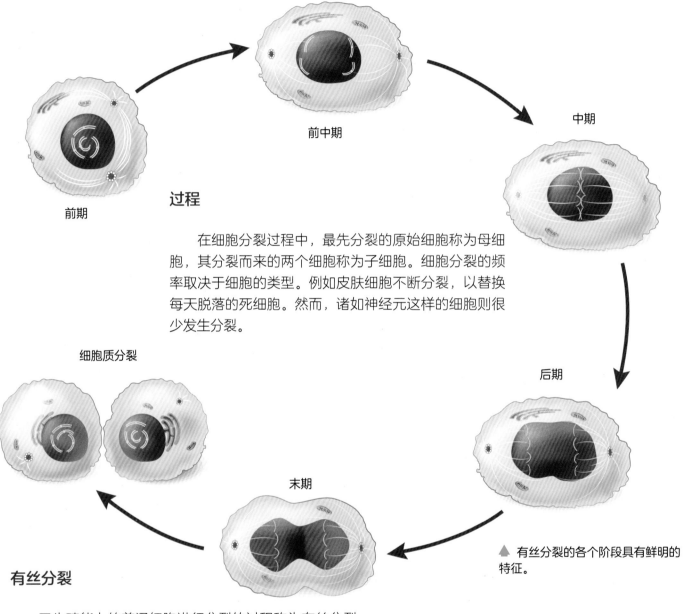

前期

前中期

中期

过程

　　在细胞分裂过程中，最先分裂的原始细胞称为母细胞，其分裂而来的两个细胞称为子细胞。细胞分裂的频率取决于细胞的类型。例如皮肤细胞不断分裂，以替换每天脱落的死细胞。然而，诸如神经元这样的细胞则很少发生分裂。

细胞质分裂

后期

末期

▲ 有丝分裂的各个阶段具有鲜明的特征。

有丝分裂

　　无生殖能力的普通细胞进行分裂的过程称为有丝分裂。母细胞分裂出的两个子细胞具有与母细胞等量的染色体。

减数分裂

　　减数分裂时，一个母细胞分裂两次，形成四个子细胞，每个子细胞的染色体数量只有母细胞的一半。通过减数分裂，雄性体内形成精子，雌性体内形成卵细胞。由于单个精子和卵细胞只拥有半数的染色体，两者结合时形成的新细胞即受精卵，将会拥有一套完整的染色体。

百科档案

　　人体每天会有数百亿个皮肤细胞死亡，损失的细胞通过皮肤细胞的分裂得以补充。

细胞周期

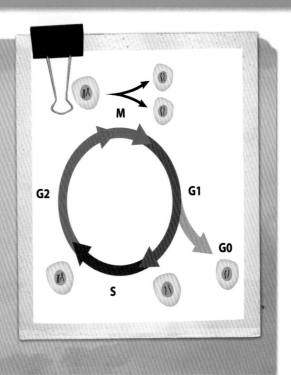

细胞的有丝分裂要经历几个阶段，统称为细胞周期。这些阶段包括：

合成前期（G1期）：细胞发生代谢变化，为分裂做准备。

DNA合成期（S期）：合成DNA，复制细胞核中的遗传物质。

DNA合成后期（G2期）：细胞通过代谢产生更多细胞质，为分裂做准备。

细胞分裂期（M期）：细胞核分裂（核质分裂），最终整个细胞分裂（胞质分裂）。

干细胞

干细胞的神奇之处在于它们可以分化成各种不同的特化细胞，用于形成血液、骨骼和皮肤等组织和器官。干细胞常年处于休眠状态，激活后可以发生分化，替换死亡或受损的细胞。

干细胞的两种主要类型：

1.胚胎干细胞：可分化为不同类型的细胞，供胚胎成长并发育为婴儿所需。胚胎干细胞具有全能性，可分化为任何类型的细胞。

2.成体干细胞：分布于骨髓中，可以替换成熟机体的受损细胞。成体干细胞具有多能性，但只可分化为部分类型的细胞。

科学家研究出了干细胞的多种用途。在实验室中，干细胞经过诱导可以发育成为完整的器官。干细胞还可以帮助因癌症或者其他疾病而失血的病患产生血细胞。

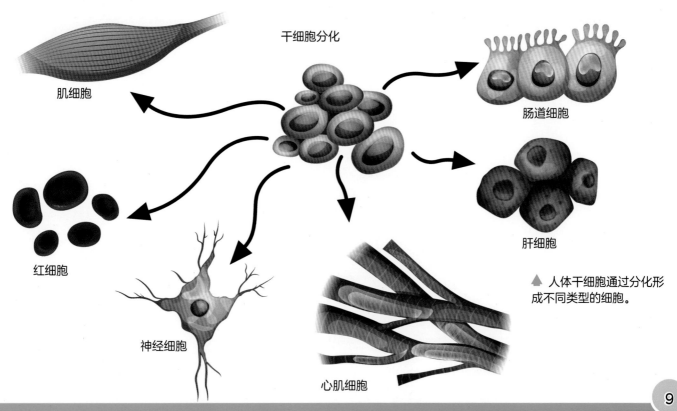

干细胞分化

肌细胞

肠道细胞

红细胞

神经细胞

心肌细胞

肝细胞

▲ 人体干细胞通过分化形成不同类型的细胞。

细胞运输

　　因细胞膜具有半透性，水分和物质可以进出细胞，这个过程称为细胞运输。细胞运输分为主动运输和被动运输：主动运输消耗能量，被动运输不消耗能量。

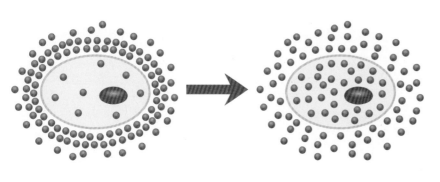

▲ 细胞膜具有半透性，允许一些小分子进入细胞。

被动运输

　　1.简单扩散：在机体中，分子从高浓度区域向低浓度区域转移的过程。区域之间的浓度差异称为浓度梯度。扩散通常持续到两侧浓度相同为止。影响扩散的因素包括：
　　（1）膜的表面积；
　　（2）温度；
　　（3）浓度差。

　　2.协助扩散：依靠载体蛋白而发生的扩散。每个载体蛋白都有特定的形状，只允许特定的分子通过。

　　3.渗透作用是存在半透膜时发生的一种扩散。在此过程中，水分子从低浓度区通过细胞膜进入高浓度区。根系吸收土壤中的水分利用的正是渗透作用。

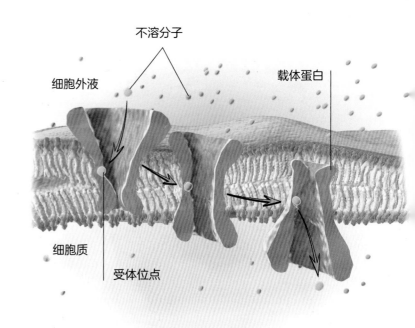

不溶分子

载体蛋白

细胞外液

细胞质

受体位点

▲ 载体蛋白在协助扩散中发挥着重要作用。

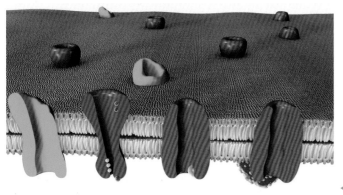

主动运输

　　分子从低浓度区域向高浓度区域转移的过程称为主动运输。主动运输需要能量，通常由细胞线粒体以ATP（三磷酸腺苷）的形式提供。该方式用于帮助细胞吸收葡萄糖、离子和氨基酸。

◀ 主动运输利用的能量形式为ATP。

细胞和组织

对于简单的单细胞生物，例如池塘中的变形虫，它们直接从环境中吸收营养物质并排出废物。复杂的多细胞生物则需要专门的系统来执行不同的功能。一般来说，功能相似的细胞联合形成细胞群，形成组织。一个或多个执行一套特定功能的组织可以进一步联合形成器官。

上皮细胞形成皮肤最外层的保护层。

器官

心、肺、肾、肝和胰腺等器官由功能相同的组织构成，几乎所有的器官都含有上皮组织、结缔组织、肌肉组织和神经组织。在循环系统中，心脏和血管共同工作，将血液泵送到身体的各个部位。

器官系统

一个或多个器官还可以联合形成器官系统，共同执行同一功能，比如消化系统和呼吸系统等。值得注意的是，在组织水平、器官水平和器官系统水平中，它们的结构都与功能息息相关。

人体的主要组织包括：
上皮组织：皮肤外层的组成部分。
结缔组织：器官和血管的支持网络。
肌肉组织：肌肉的组成部分，具有收缩能力。
神经组织：大脑和脊髓的组成部分，负责处理信息和传导冲动。

百科档案

上皮细胞的形态各异，分为立方形、纤毛状、柱状和鳞状。

不同类型的肌肉组织分布在不同的器官中。

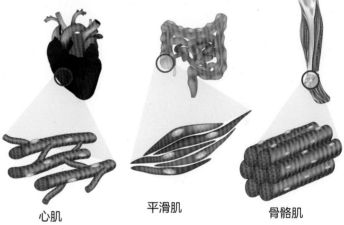

心肌　　　　平滑肌　　　　骨骼肌

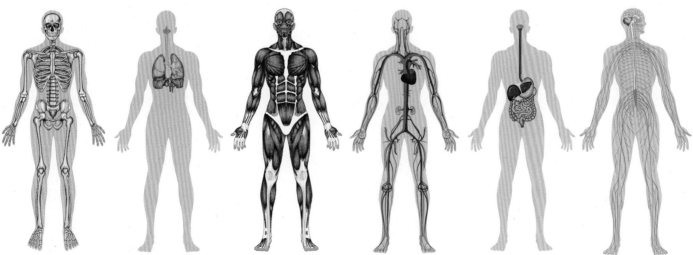

骨骼系统　　呼吸系统　　肌肉系统　　循环系统　　消化系统　　神经系统

器官系统由器官构成，负责行使特定的功能。

染色体和基因

DNA是构成细胞的基本遗传单位。它拥有整个机体运作所需的所有信息。基因编码必需的蛋白质，与染色体上的非编码DNA片段一起存在。

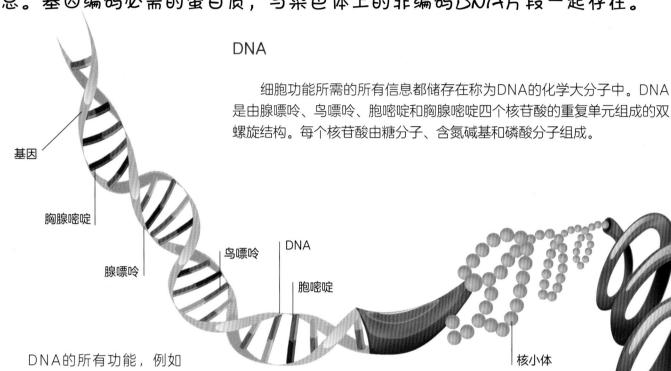

DNA

细胞功能所需的所有信息都储存在称为DNA的化学大分子中。DNA是由腺嘌呤、鸟嘌呤、胞嘧啶和胸腺嘧啶四个核苷酸的重复单元组成的双螺旋结构。每个核苷酸由糖分子、含氮碱基和磷酸分子组成。

基因

胸腺嘧啶

腺嘌呤

鸟嘌呤

DNA

胞嘧啶

核小体

DNA的所有功能，例如通过复制自身和通过转录形成RNA，都依赖于与不同蛋白质的相互作用。

▲ 染色体由缠绕成紧密结构的DNA组成。

基因

基因被定义为遗传的功能和生理单位。一个基因，由一个特定的DNA序列组成，充当制造蛋白质的指令方案。一个人从父母那里得到同一基因的两个拷贝。一个人有20000到25000个编码不同蛋白质的基因，这些基因负责生存和繁殖所必需的各种功能。

同一基因的不同形式被称为"等位基因"。一个人从父母那里各继承一个等位基因，这些等位基因的组合产生一个特定的性状。例如，一个人的眼睛颜色取决于父母遗传的两个等位基因的综合效应。

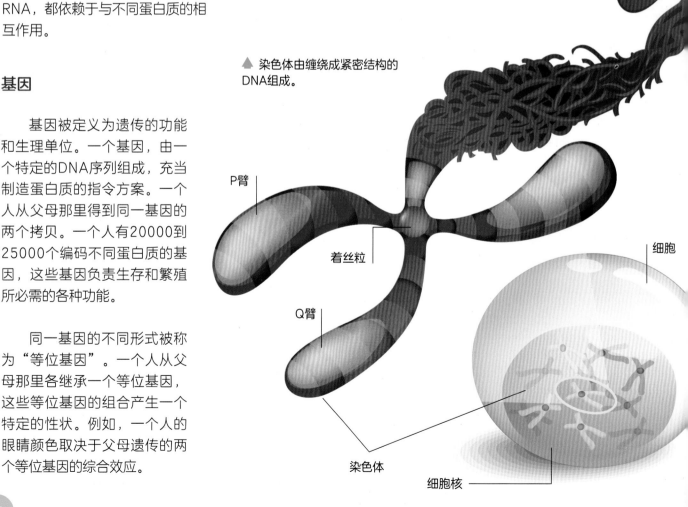

P臂

着丝粒

Q臂

细胞

染色体

细胞核

▲ 包裹在八种组蛋白上的DNA片段组成核小体。

染色体

　　单个细胞内的DNA加起来可长达2米左右。唯一能够将DNA装进微小细胞核的方法是将DNA和组蛋白结合，形成压缩结构，即染色体。除非细胞正在进行分裂，否则染色体在显微镜下不可见。

　　染色体只有处于紧密压缩的状态时才可见。染色体分为较短的P臂和较长的Q臂。染色体中心的着丝粒使得其呈现标志性的X形。

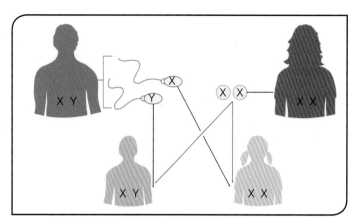

▲ 人类的性别由XX染色体和XY染色体决定。

遗传病

　　一些遗传病由人体细胞中一个或多个有缺陷的基因导致，另一些则由隐性基因引起，即如果个体从父母双方都分别遗传了隐性致病基因就可能导致患病。囊性纤维化便是一种隐性遗传病。

　　伴X隐性遗传病与X染色体上的致病基因有关。女性拥有两条X染色体，因此她只有通过父母双方都遗传具有致病基因的X染色体时才会发病。而男性只有一条X染色体，在Y染色体上只对应部分基因，所以一旦男孩遗传的X染色体携带有致病基因且无对应的等位基因时就会患病。红绿色盲和血友病便是伴X隐性遗传病。

性别决定

　　植物和动物的性别决定方式不同。人类的性别由性染色体决定。正常人体的每个细胞都拥有23对染色体，其中22对为常染色体，1对为性染色体。在这对性染色体中，男性有一条X染色体和一条Y染色体，女性则有两条X染色体。

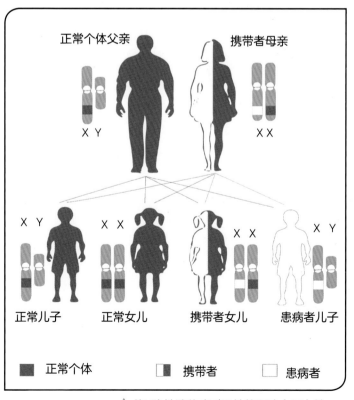

▲ 伴X隐性遗传病对男性的影响大于女性。

基因工程

　　将外源基因导入机体的基因组中或者通过某些技术改造特定基因的过程称为基因工程。

　　通过基因工程，科学家可以将一个物种的基因分离后插入到另一个物种的基因组中。这项技术可以满足人类的多种需要，潜力巨大。然而考虑到基因工程违背了自然规律，这一技术也备受争议。

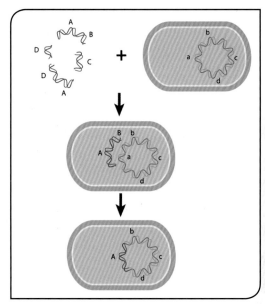

▲ 细菌细胞通过"转化"过程接受外来DNA。

基因工程的步骤

　　使用细菌进行基因工程的主要步骤：

　　提取目的基因：细菌拥有一种特殊的限制性核酸内切酶，在基因工程中常用于切割特定的目标DNA序列。

　　目的基因与运载体结合：将分离出来的DNA片段导入称为运载体的质粒或病毒中。目的基因通常插入到细菌染色体外的质粒上。质粒易接受DNA的插入，并可在宿主细菌内复制。细菌分裂时，插入的基因便可以遗传给后代。

　　基因复制：宿主细菌繁殖时，质粒随之复制，产生多个相同的插入片段。

　　目的基因的检测：从培养物中选择性地分离含有特定质粒且可正常表达的细菌。

基因工程的应用

基因工程的产品和应用包括：

• 实现多种药物和化合物的批量生产，比如生产胰岛素、生长激素、白蛋白、疫苗、单克隆抗体和抗血友病因子等。

• 基因工程改造后的动物可用于研究人类疾病，比如研究关节炎、糖尿病、帕金森病和心脏病等。

• 基因治疗可以将外源基因插入到患者的基因组中，用于补偿缺失或者有缺陷的基因，从而达到治疗目的。研究人员针对部分疾病已经开展了相关试验，在治愈多种疾病方面，基因治疗前景广阔。

◀ 转基因番茄的保鲜时间更长。

• 基因工程可用于大规模生产食物和生物质燃料等。

• 基因工程可用于生产转基因植物，例如保鲜时间更长的 Flavr Savr番茄（转基因番茄）、富含维生素A的黄金大米、抗虫害的BT棉等。

• 转基因动物具有特定的生产能力，例如转基因奶牛可以生产蛋白质含量更高的牛奶，从而可以提高奶酪的产量。

▲ 基因工程改造后的动物可用于各种疾病的研究。

▲ 一位研究者在观察转基因作物是否表现出了目标性状。

基因工程的焦点

• 转基因作物对杀虫剂和除草剂具有抵抗性，可能会影响生态平衡。

• 尽管采取了预防措施，但转基因生物仍有向野外扩散的危险。一旦转基因作物入侵自然，可能会造成无法修复的破坏。

• 通过重组DNA技术有可能产生潜在的有害生物；若这些生物进入自然界，可能会引发严重的流行病。

• 出于经济目的，许多产品并没有标明是否含有转基因食品成分。即使部分产品标明了转基因食品成分，也不会向大众公布。

• 从道德的角度来看，许多人认为人类不应当违背自然规律，也无权改变生物的特征。

• 此外，还有人认为生命不是商品，因而反对转基因生物和其他转基因生物相关专利的认定。

克隆

克隆是培育出与某种有机体完全相同的其后代个体的过程。后代个体不仅与原个体具有相同的性状，还拥有相同的基因组。克隆是英文"CLONE"的音译，而英文"CLONE"则起源于希腊文"KLON"，原意是指以幼苗或嫩枝插条，通过无性繁殖或营养繁殖的方式培育植物，如扦插和嫁接，也可译为"无性繁殖""复制""转殖"或"群殖"。

植物克隆

通过无性繁殖，植物可以利用多种方式进行自然克隆：

• 马铃薯的块茎可以长出根和芽，并发育成新植株。

• 吊兰的枝条上生长有新的小植株。

• 草莓的茎沿地面生长，称为匍匐茎，茎上可以生长出新的植株。

植物还可以通过人工的方式来进行克隆：

扦插：将母株的枝条剪下，去除根部的叶片后种植在潮湿的堆肥里，并保证其处在温暖的环境中，几周后枝条生根，长成一棵新的植株。

组织培养：在实验室中，利用人造光源和控制温度，植物的种子或者部分组织可以在与土壤成分相似的营养基质，即培养基中生长。这种方法称为组织培养。通常，植物激素可用于诱导细胞分裂分化为根和芽。

▲ 在实验室条件下，植物组织培养比动物组织培养更容易生长。

优势

• 仅仅通过种子很难大批量生产植株，而克隆为实现这一目的提供了途径。

• 由于所有通过克隆生长的植物都是相同的，种植者可以选择最佳品质的植物进行克隆。

缺点

• 由于所有克隆而来的植株完全相同，缺乏多样性，所以只要其中一棵植株患病，其他所有植株也很有可能受到影响。

• 成功进行植物组织培养需要高水平的人员和昂贵的实验室设备。

动物克隆

胚胎移植：在尚未发育成熟的初期，将发育中的胚胎从子宫中取出。接着分离胚胎细胞，在实验室中单别培养，最后移植到受体中。

细胞核移植：在实验室中，实验人员使用一种特殊的工具吸出卵细胞的细胞核，然后将另一个细胞的细胞核移植到这一卵细胞中，接着利用电击，诱导该细胞分裂，最后将分裂形成的胚胎移植到子宫中。发育成熟的胚胎是克隆体，与DNA提供者相同。通过细胞核移植技术可以克隆分化完全的细胞。

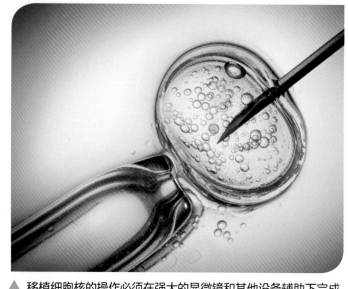

▲ 移植细胞核的操作必须在强大的显微镜和其他设备辅助下完成。

▲ 克隆羊多莉的诞生开创了基因工程的革命。

多莉

1996年，克隆羊多莉成为第一个通过克隆成熟细胞出生的哺乳动物。它是罗斯林研究所通过细胞核移植技术创造出来的。

百科档案

在失败了276次之后，克隆羊多莉才得以诞生。

优势

• 为生产具有优良性状的动物提供了可能，比如产奶量高的奶牛。

• 克隆技术可用于培育转基因动物，以此来生产人类需要的产品。

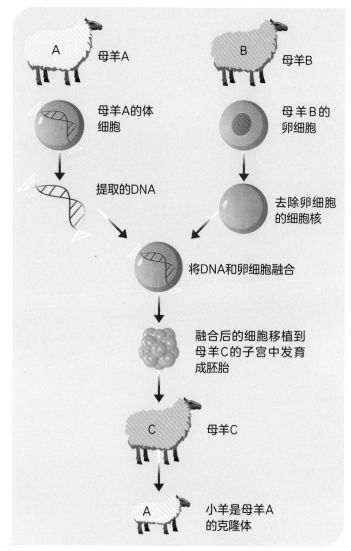

母羊A
母羊B
母羊A的体细胞
母羊B的卵细胞
提取的DNA
去除卵细胞的细胞核
将DNA和卵细胞融合
融合后的细胞移植到母羊C的子宫中发育成胚胎
C 母羊C
A 小羊是母羊A的克隆体

▲ 克隆羊的性状与提供细胞核DNA的原个体相同。

缺点

• 克隆技术面临的主要挑战是道德伦理问题，即人类究竟可以在多大程度上干预生命的繁衍。

显微镜

显微镜可以放大肉眼通常无法观察到的物体和微生物。光学显微镜是观察微生物最基本的仪器之一。电子显微镜可实现非常高的放大倍数。

显微镜的起源

荷兰商人、科学家列文虎克被认为是"微生物学之父",他制作了500多种不同的光学镜片,对不同的样本进行了广泛研究。列文虎克还对细菌、细胞液泡、精子细胞,以及肌肉纤维进行了仔细观察。他最初设计的镜头非常小,必须要置于阳光下才能观察到样本。

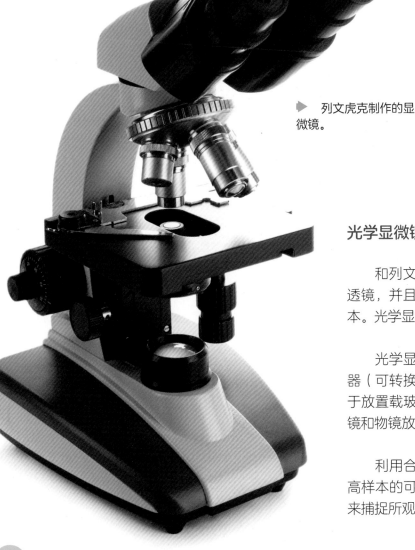

▶ 现代光学显微镜使用人造光源来照亮样本。

▶ 列文虎克制作的显微镜。

光学显微镜

和列文虎克的放大装置相同,光学显微镜也使用了透镜,并且需要阳光或者人造光源来照亮载玻片上的样本。光学显微镜又称为复合显微镜。

光学显微镜的构成通常包括目镜、物镜、物镜转换器(可转换不同放大倍数的物镜)、光源和载物台(用于放置载玻片以便观察样本)。显微镜的放大倍数是目镜和物镜放大倍数的乘积。

利用合适的染色剂将载玻片上的样本染色后可以提高样本的可见度。现代光学显微镜通常配备有照相底片来捕捉所观察到的图像。

放大倍数和分辨率

放大倍数是仪器放大物体的能力。显微镜的总放大倍数可通过以下公式计算：

$$放大倍数 = \frac{物体放大后的尺寸}{物体的实际尺寸}$$

若一个微生物的实际大小是1微米（1×10^{-6}米），在显微镜下它的大小是1毫米（1×10^{-3}米），那么显微镜的放大倍数是1000倍。

在400倍的放大倍数下，可以清楚地看到许多种细菌、原生动物以及红细胞，在放大倍数高达1000倍及以上的情况下，则能更清楚地观察到物体的细节，例如原生动物的细胞器和细菌的鞭毛。

显微镜的分辨率是指样本中可分辨的两点间最小的距离。

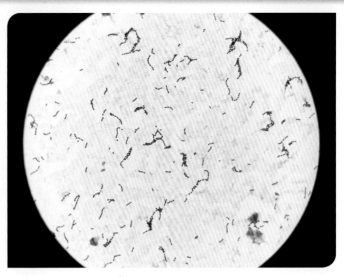

▲ 光学显微镜下染色后的细菌。

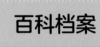

百科档案

平均而言，光学显微镜的放大倍数为5~100倍。

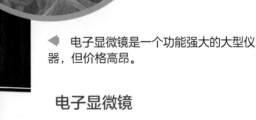

◀ 电子显微镜下的植物纤维素。

◀ 电子显微镜是一个功能强大的大型仪器，但价格高昂。

电子显微镜

顾名思义，电子显微镜使用电子流而不是可见光来放大样本。其放大倍数可高达10万~20万倍。不同于光学显微镜，电子显微镜不能直接观察活体样本。样本需要经过处理去除水分，嵌入树脂中切成薄片，并适当染色，才能用于在电子显微镜下观察。电子显微镜可以观察到只有纳米大小（1纳米=1×10^{-9}米）的细胞器、病毒甚至是单个原子。电子显微镜的制造和维护成本很高，使用者需要经过专门培训，并严格遵守操作流程。

其他显微镜

还有许多其他先进的显微镜在使用，包括扫描隧道显微镜、相差显微镜、荧光显微镜和原子力显微镜等。这些显微镜有助于观察细胞和微生物的更多细节和特征。

实验室里的微生物培养

　　不同种类的微生物生长在不同的基质中。为了研究和了解微生物，科学家们在实验室里用专门设计的人工基质——"培养基"，在合适的条件下培养这些微生物。细菌是最普遍也是最容易进行人工培养的微生物。

繁殖

　　细菌通过一种称为"二元分裂"的无性繁殖方法快速生长。在二元分裂中，细菌细胞复制遗传物质，接着生长并分裂为两个独立的细菌细胞。相比于真核生物的细胞分裂方式，这种繁殖方法相对简单。

◀ 细菌通过二元分裂进行繁殖。

细菌培养

　　在实验室里，细菌是在特定培养基中生长并繁殖成一个个菌落的。医学家罗伯特·科赫（1843—1910）是首位在特制培养皿中培养细菌的科学家，这项技术沿用至今。他还分离出导致肺结核和霍乱的细菌。现在，很多细菌都可以在实验室中进行培养和研究。

　　尽管不同种类的细菌有不同的生长需求，但培养它们的营养基质都是来自同一种红藻的胶状物质，称为琼脂。琼脂是细菌生长并繁殖成菌落的理想表面。在其中添加牛肉汁或酵母提取物等营养物质，可以为细菌生长提供所需的氨基酸和氮。

▶ 在特制的液体培养基中培养细菌。

细菌生长的要求

　　首先将细菌培养物从其生长环境转移到培养皿中，整个过程要在无菌条件下完成，通常是在超净台中进行，工作区域须用酒精擦拭，将营养琼脂倾倒入无菌培养皿中，并等待其凝固。样本从土壤、空气、物体表面或体液中采集，并在无菌水中稀释。

　　接种环用于将细菌从溶液转移到无菌培养皿中。使用前需在火上进行消毒。然后用接种环蘸取细菌溶液，轻快地擦过琼脂，最后用胶带密封培养皿。

▲ 超净台是安全处理微生物的理想环境。

培养

　　将接种在培养皿中的细菌储存在合适条件下的过程称为培养。细菌能够在温暖的条件下迅速繁殖，保存细菌的最适温度一般为25℃。

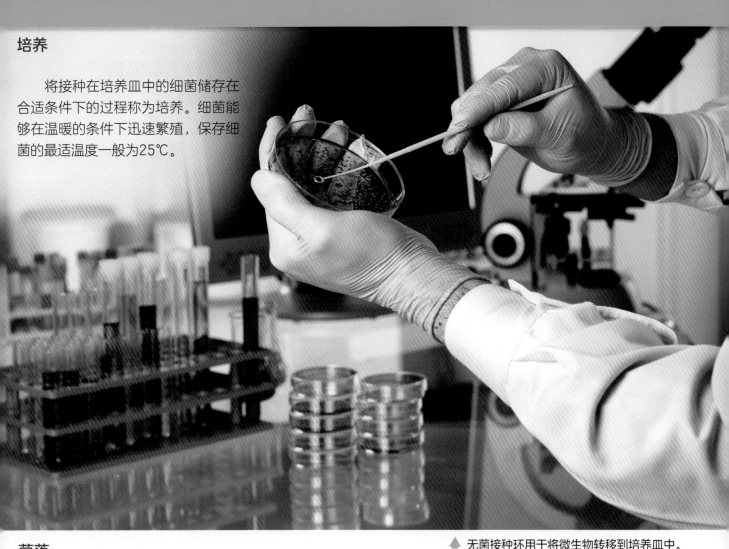

▲ 无菌接种环用于将微生物转移到培养皿中。

菌落

　　细菌的种类不同，形成的菌落在颜色、形状和质地方面也有所差异。研究菌落的形态有助于识别细菌的种类。

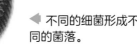
◀ 不同的细菌形成不同的菌落。

百科档案

　　一般不会放置培养皿在室温环境（22℃）中培养细菌，因为在这个温度范围内，许多杂菌也会生长和繁衍。

处理

　　处理细菌培养皿必须谨慎小心，以免引起污染。处理带有菌落的培养皿时要戴好手套，并在超净台中进行相应操作。

抗生素和消毒剂检验

　　培养微生物的用途之一是检验抗生素、消毒剂或其他抗菌物质的有效性。先用拭子或接种环在整个培养皿中均匀地接种细菌，然后在培养皿中央滴入一滴抗菌物质或放入一个抗菌圆盘，接着继续进行培养。若滴入的抗菌物质周围出现透明圈，则表明其周围没有细菌生长。透明圈的直径也显示了抗生素或抗菌剂的效果。

疾病

健康是一种身体素质良好的状态，疾病或紊乱会使一个或多个身体部位感到不适。疾病分为不同的类型，可由感染、遗传、营养不良、生活方式不规律或其他因素引起。最常见的疾病分类是传染性疾病和非传染性疾病。

非传染性疾病

不能因靠近或身体接触而在人与人之间传播的疾病，称为非传染性疾病。常见的非传染性疾病如下：

糖尿病：以高血糖为病征的代谢病。

癌症：恶性的细胞异常生长和分裂。

中风：因脑血管阻塞或破裂引起的急性疾病。

哮喘：慢性气道炎症，影响肺部功能，导致呼吸困难。

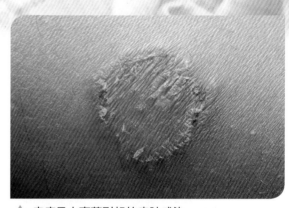

▲ 皮癣是由真菌引起的皮肤感染。

传染性疾病

可通过不同途径在人与人之间发生传播的疾病，称为传染性疾病。不同传染病的传播方式不同，严重程度也有差异。由细菌或病毒引起的普通感冒症状相对温和，而天花是由病毒引起的烈性传染病，严重时可致命。

传染性疾病可通过空气、水源、土壤、动物或人体体液在人与人之间传播。

• 细菌引起的疾病：喉咙痛、肺结核、淋病、肺炎。

• 原生生物引起的疾病：昏睡病、美洲锥虫病、疟疾。

• 真菌引起的疾病：皮癣、牛皮癣、酵母菌感染。

• 病毒引起的疾病：水痘、小儿麻痹症、麻疹、肝炎、流感。

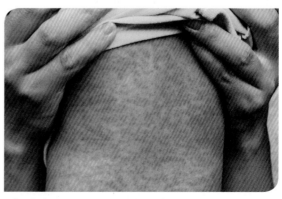

▲ 麻疹是一种多发于儿童的病毒感染。

致病因素

　　传染病和非传染病都是由某些外界因素和生活方式引起的，这些可能会增加患病概率外界因素和生活方式，统称为致病因素。与这两种疾病相关的致病因素包括：

- 糟糕的卫生习惯
- 缺乏锻炼
- 不健康饮食
- 维生素或矿物质缺乏
- 饮酒过量
- 吸烟
- 肥胖

- 接触有害化学物质、辐射或致癌物
- 遗传因素，如遗传性疾病
- 一个或多个部位的功能不良或缺失

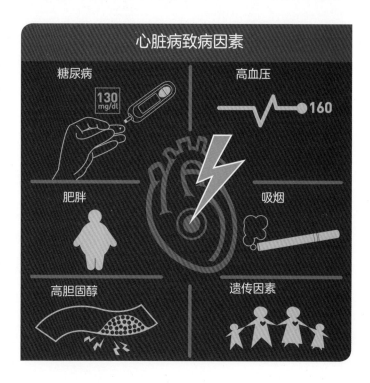

心脏病致病因素

糖尿病　130mg/dl

高血压　160

肥胖

吸烟

高胆固醇

遗传因素

植物病害

　　植物也会生病。真菌、细菌、病毒、昆虫都可能是病因。植物患上不同的疾病会表现出不同的症状，如出现病斑、生长迟缓、腐败溃烂、褪色、叶片或茎畸形等。

▲ 患柑橘溃疡病的柠檬树叶出现隆起的棕色斑点。

▲ 有些茎、枝带刺，以此来保护植株免受动物的伤害。

防御机制

　　植物有各种不同的防御机制，用于抵御植食性动物和疾病，包括：

- 厚厚的细胞壁
- 叶片表面具有坚韧的蜡质层
- 茎干外围具有死细胞形成的树皮
- 分泌信息素
- 分泌有毒物质
- 绒毛和刺
- 伪装

百科档案

　　传染性疾病由微生物引起，包括细菌、真菌、原生生物和病毒等。

生物分类

地球上生存着数百万种生物。根据生物学特征上的相似性，科学家使用一定分类的方法将生物划分为不同的类群。

虽然某些生物在外观上可能存在差异，但如果它们具有足够多的相似性，那么就可以归为一类。这种划分生物的系统方法称为分类学。瑞典植物学家卡尔·林奈（1707—1778）提出了根据外观和特征划分生物类群的分类方法，并给每一种生物都起了一个学名（也称为双名法）。

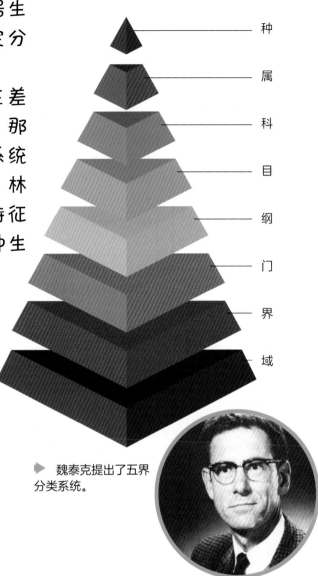

种
属
科
目
纲
门
界
域

▶ 魏泰克提出了五界分类系统。

分类

在分类学中，生物根据以下分类单元按等级进行分类：

域──→界──→门──→纲──→目──→科──→属──→种

五界分类系统由美国生物学家魏泰克于1969年提出，其分类依据包括营养类型、细胞结构和繁殖方式等。

五界分类系统

已知的生物可划分为以下五个界：

界	特征	例子
动物界	多细胞 无细胞壁 无光合色素	变色龙　　海龟　　黑猩猩
植物界	多细胞 有细胞壁 有光合色素 利用阳光自养	蕨类植物　　苹果　　绿藻

真菌界	单细胞或多细胞 有细胞壁 无光合色素	蘑菇	酵母	霉菌
原生生物界	单细胞 有成形的细胞核 部分种类具有光合色素	绿眼虫	变形虫	草履虫
原核生物界	单细胞 存在细胞壁 原始核/未明确定义的核 可能有额外的质粒	细菌	古细菌	蓝藻

人类在这个分类系统中的分类情况：

分类	名称	原因
域	真核生物	有成形的细胞核
界	动物界	多细胞生物，能消化食物，无细胞壁
门	脊索动物门	具有脊索、背神经管、鳃裂
纲	哺乳纲	胎生，可以分泌乳汁哺乳后代
目	灵长目	智力水平高，类猿
科	人科	可以直立行走
属	人属	属于人类
种	智人	现代人类

分类系统揭示了生物之间的进化关系。被划分在同一门的所有生物，例如脊索动物，都由一个共同的祖先进化而来。

百科档案

病毒是一种特别的生物，它不具备新陈代谢功能，不能独立完成繁殖过程。

▶ 所有的人种都由共同的猿类祖先进化而来。

生物能量学：光合作用

植物、藻类和部分细菌可以直接利用阳光以单糖的形式制造营养物质，这个过程被称为光合作用。光合作用的进行需要特殊的细胞器或色素。

光合作用过程

通过光合作用，植物可以利用阳光、水和二氧化碳为自己制造食物。植物中的一种绿色色素，即叶绿素可以吸收阳光；植物的根系和叶片分别从土壤和空气中吸收水分；叶片上的小孔，即气孔可以吸收二氧化碳。

▲ 绿叶中有进行光合作用的叶绿体。

▲ 阳光、水和空气是植物生存以及制造营养物质必不可少的物质。

叶绿素主要分布于植物叶绿体中。正是由于这种色素的存在，使植物的叶片呈现绿色。叶绿素能够吸收光能，并将水分子分解成氢和氧。

其他颜色的叶子也可以进行光合作用。由于存在不同的色素，如花青素、胡萝卜素或叶黄素，叶子可以是红色或黄色。但它们也具有可以进行光合作用的叶绿素。

氧气作为副产物被释放到大气中，氢则与二氧化碳结合产生一种单糖，即葡萄糖。葡萄糖分子主要用于为植物的生长发育提供能量，剩余的葡萄糖被转移储存在叶片、根部和果实中。

光合作用的反应式如下：

$$CO_2 + H_2O \xrightarrow{\text{阳光}} C_6H_{12}O_6 + O_2$$

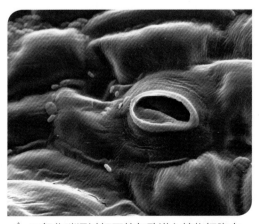

▲ 二氧化碳通过打开的气孔进入植物细胞中。

光反应发生在叶绿体的类囊体膜上，反应的进行需要光照。反应过程中，光能转化为化学能，水分子分解成离子（H^+和OH^-）。这些离子帮助形成ATP和还原型辅酶Ⅱ（NADPH），用于下一阶段的反应之中。

暗反应是光合作用的第二个阶段，不需要光照，反应的过程较为缓慢。在能量分子ATP和NADPH的帮助下，暗反应利用酶将二氧化碳和水合成糖。这个阶段也称为碳固定或卡尔文循环。

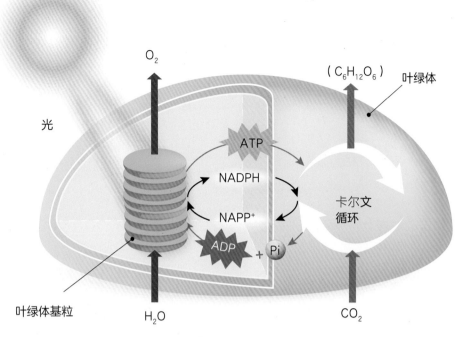

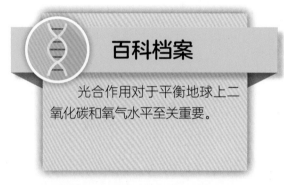

▲ 光反应的过程包括一系列阶段。

光合作用的重要性

光合作用维持着地球上的生命。植物通过制造葡萄糖为生长提供能量。动物通过取食植物获取能量来维持生存。以植物为食的动物称为初级消费者或植食性动物。此外，植物进行光合作用释放氧气，可用于动物的呼吸作用。因此，光合作用直接关系到地球上所有生物的生存。

煤炭和天然气是数百万年前被掩埋的生物遗骸，经过几百万年变化的产物。如今这些化石燃料可用于发电。

百科档案

光合作用对于平衡地球上二氧化碳和氧气水平至关重要。

▲ 煤炭由数百万年前的植物遗骸形成。

▶ 地下的化石燃料由掩埋地底的生物遗骸形成。

生物能量学：呼吸、新陈代谢和内稳态

呼吸、新陈代谢和内稳态等生化过程对生物体的生存至关重要。这些生化过程持续存在于健康的活细胞中，产生能量，并利用所产生的能量为人体有效维持恒定的体温和状态。

新陈代谢

人体细胞从消耗的食物中获得营养，并将营养转化为执行所有功能所需的能量，这个过程被称为新陈代谢。在人体中，各种不同的蛋白质以协调的方式控制着新陈代谢相关的化学反应。在人体内，无时无刻不发生着成千上万的代谢反应。

代谢有两个功能：

（1）建立身体组织和维持能量储备。

（2）分解储存的能量和特定身体组织，产生能量维持身体功能。

代谢分为两种类型：

合成代谢：又称为建设性代谢，涉及细胞分裂、生长、身体组织的维护和能量的储存。小分子物质合成为复杂的碳水化合物，以及蛋白质和脂肪。骨矿化和肌肉质量增加便是由合成代谢引起的。

分解代谢：也称为破坏性代谢，它是一个为细胞活动产生能量的过程。细胞分解复杂的碳水化合物释放出能量。能量的释放随后为身体以及肌肉运动提供热量。分解代谢产生的废物通过皮肤、肾脏、肠或肺排出体外。

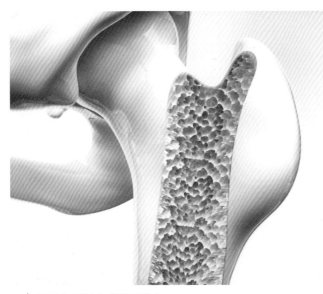

▲ 骨矿化通过合成代谢发生。

呼吸

细胞呼吸是将糖分解获得能量的过程。呼吸分为有氧呼吸（当使用氧气时）和无氧呼吸（当不使用氧气时）。无氧呼吸不如有氧呼吸高效，还会产生副产品二氧化碳。线粒体是细胞中用于呼吸的细胞器。

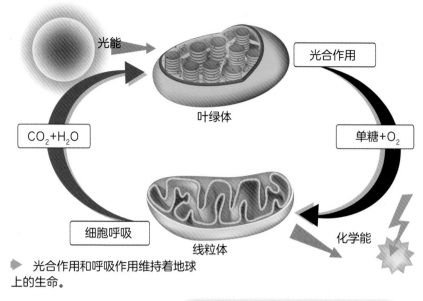

光能　光合作用

叶绿体

CO_2+H_2O　单糖+O_2

细胞呼吸　线粒体　化学能

▶ 光合作用和呼吸作用维持着地球上的生命。

呼吸由三个阶段组成：

- 糖酵解
- 柠檬酸循环
- 电子传递链

有氧呼吸可用以下反应式表示：

$$C_6H_{12}O_6+H_2O+O_2 \longrightarrow CO_2+H_2O+ATP$$

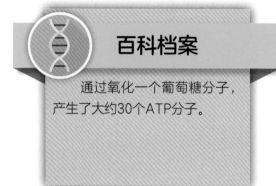

百科档案

通过氧化一个葡萄糖分子，产生了大约30个ATP分子。

内稳态

内稳态是机体控制自身体内环境使其维持相对稳定的机制，主要涉及到将体温、血糖和水分维持在最佳的水平。

为了达到最佳平衡，内稳态的控制系统包括检测受刺激的神经和化学反应细胞受体，处理信息和进行协调的大脑和脊髓中枢，以及引发反应的肌肉和腺体等效应器。

人体维持内稳态的方式有很多种。调节体温是维持身体最佳平衡的重要方式之一。当体温因炎热天气升高时，身体会通过出汗来进行降温，肺、胰腺和肾脏等内脏器官有助于维持理想的氧气、血糖和离子水平。此外，内分泌系统还会分泌不同的激素来帮助维持内稳态。

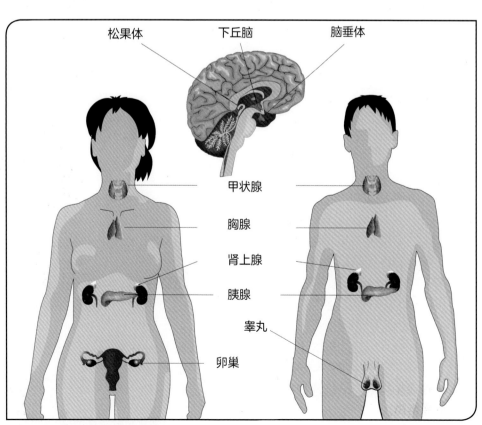

松果体　下丘脑　脑垂体

甲状腺

胸腺

肾上腺

胰腺

睾丸

卵巢

▲ 内分泌系统维持体内平衡。

人体系统

人体非常复杂，拥有协调完美的组织和器官系统，可以保证包括运动、呼吸、血液循环、消化以及排泄在内的所有活动都能够有效进行。

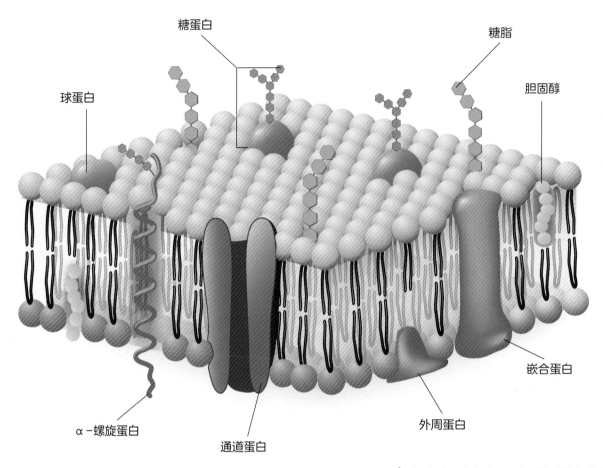

球蛋白

糖蛋白

糖脂

胆固醇

α-螺旋蛋白

通道蛋白

外周蛋白

嵌合蛋白

▲ 细胞膜是由脂肪和蛋白质组成的复杂结构。

化学构成

人体细胞由碳水化合物、蛋白质、脂肪、核酸、矿物质和水等构成。水是包括血液、血浆和淋巴液等在内的细胞外液的主要成分，在细胞中也能找到水，按重量计算，水占到人体的60%。

脂类，特别是磷脂质和胆固醇，是体内细胞的结构成分，充当着能量储备，还有绝缘和减缓冲击的作用。细胞膜的结构框架由蛋白质构成。大部分酶也是蛋白质，是许多功能行使的关键。

碳水化合物以糖的形式出现，是能量的主要来源。核酸是身体的遗传物质，携带着所有生存和繁殖的信息。矿物质和其他有机化合物在身体中也扮演着各自不同的重要角色。

百科档案

喉，又称嗓门，包含一个叫做会厌的弹性软骨盖，可以确保食物和空气进入正确的位置。

不同的系统

系统是身体最高级别且最复杂的单位，主要的系统包括：神经系统、免疫系统、运动系统、内分泌系统、循环系统、呼吸系统、消化系统、生殖系统等。

骨骼和肌肉系统

　　骨骼和不同的肌肉群构成了身体的结构框架，使人体能够运动。软骨和骨骼是骨骼系统的组成部分。人体骨骼系统一共有206块骨头。除了为身体提供了结构框架，骨骼还为身体储存了钙和磷酸盐等矿物质。骨髓能生产红细胞。

　　肌肉系统是身体最大系统，从头到脚趾各个部位均有分布。三种肌肉类型分别是：心肌、骨骼肌和平滑肌。

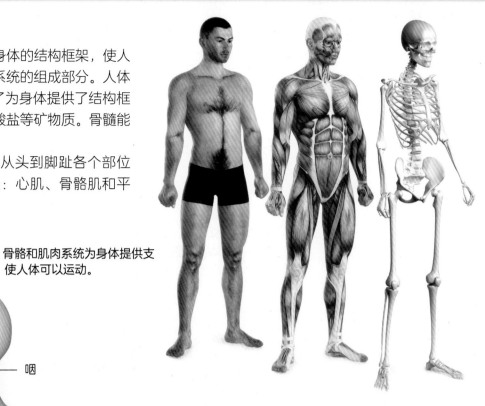

▶ 骨骼和肌肉系统为身体提供支持，使人体可以运动。

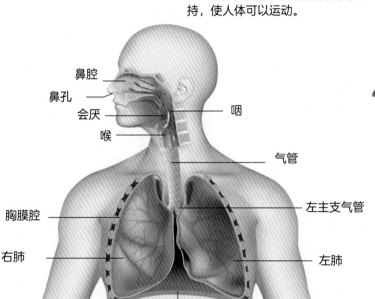

▲ 肺是呼吸系统的主要器官。

呼吸系统

　　呼吸系统由鼻、口、咽、喉、肺、气管组成，负责向身体供氧和排出体内产生的二氧化碳。鼻将空气从外界吸入身体进入到肺部。咽，也被称为喉咙，是一个肌肉通路，负责运输空气到喉部。空气再从喉部进入气管。气管分支成支气管，支气管进入到肺室中。肺中的肺泡吸取空气中的氧气，排出二氧化碳。

生殖系统

　　男性和女性生殖系统完全不同。男性生殖系统负责产生精子。精子产生于睾丸中，并通过阴茎输送到女性的生殖器中。卵子在女性的卵巢中产生，通过输卵管道向下输送。当精子和卵子细胞结合后，在子宫里着床，不断分裂形成胚胎。

皮肤系统

　　皮肤系统覆盖全身，为人体提供保护，并可调节体温，拥有数以万计的神经，能够对压力、疼痛、触摸以及温度等外界刺激作出反应。

▶ 男性和女性的生殖系统是不同的。

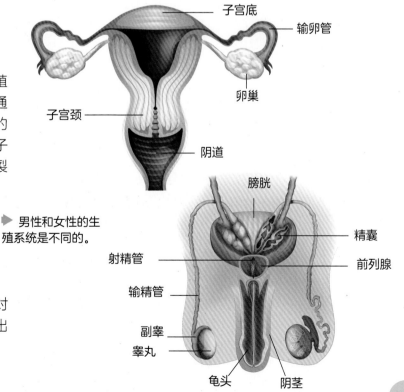

神经系统

　　神经系统是人体内主要的控制和交流系统。神经系统控制了我们所有的行为、想法和感情。尽管它是一个单一的系统，也可以分为中枢神经系统，包括大脑和脊髓，以及周围神经系统，包括从大脑和脊髓延伸出来的神经，即颅神经和脊髓神经。大脑位于一个叫做头盖骨的封闭保护层中。

免疫系统

　　皮肤是身体的第一道防线，构成对抗病原体和有害物质的物理屏障。淋巴系统负责对抗细菌和真菌。在体内，淋巴系统包含T细胞、B细胞、抗体和血小板等，这些细胞负责处理伤口部位。血小板修复伤口，B细胞产生对抗病原体的抗体，并引导T细胞攻击病原体。

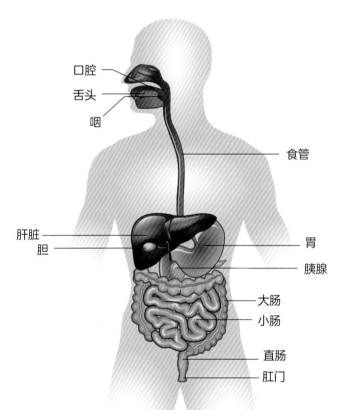

口腔
舌头
咽
食管
肝脏
胆
胃
胰腺
大肠
小肠
直肠
肛门

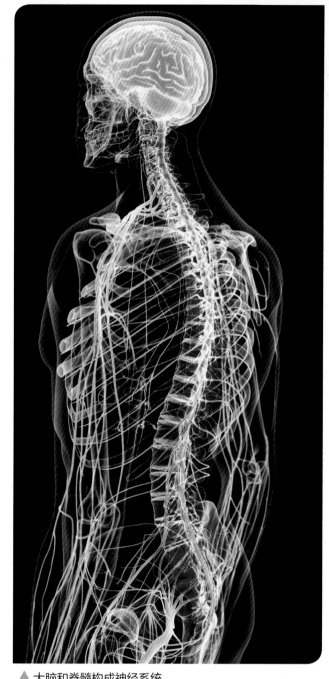

▲ 大脑和脊髓构成神经系统。

◀ 消化系统始于口腔，止于肛门。

消化系统

　　消化系统从口腔开始，到肛门结束。食物通过口腔进入人体内，并在口腔中与唾液混合，分解成碎片，然后通过消化道进入含有许多酶的胃中。在胃中，食物被分解成更简单的营养成分：蛋白质被分解成了氨基酸；碳水化合物转化成了单糖；脂肪转化成了脂肪酸。消化在小肠和大肠中进行，营养物质被吸收，产生的废品成为排泄物并通过肛门排出。

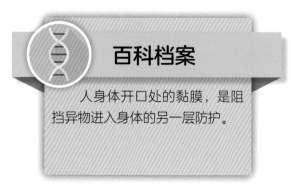

百科档案

　　人身体开口处的黏膜，是阻挡异物进入身体的另一层防护。

排泄系统

　　我们的身体进行消化之后产生的废物通过尿液排出。肾脏是处理排泄物、净化血液的主要器官。膀胱、输尿管和尿道组成的泌尿系统排出肾脏产生的尿液。膀胱是一个空的肌肉囊，能够临时储存尿液。肾脏是豆状器官，由透明的纤维状肾包膜包裹。

内分泌系统

　　内分泌系统通过激素调节体内各种新陈代谢功能。激素是释放到体内血液中的化学物质，各个组织以特有的方式对激素作出反应。内分泌系统的器官都比较小。它们包括垂体、甲状腺和甲状旁腺、肾上腺、松果体、胸腺以及卵巢或睾丸。激素有四种类型：类固醇、氨基酸化合物、肽与蛋白质、脂肪酸衍生物。

循环系统

　　循环系统主要由心脏、动脉、静脉、毛细血管等组成。心脏是将含氧丰富的血液输送到身体各个部分的器官。心脏有四个腔室，由帮助心脏抽送血液的心脏组织构成。动脉将含氧血液从心脏输送到身体的其他部分，静脉则将缺氧血液从身体各部分带回到心脏，两者构成一个不停循环的网络。

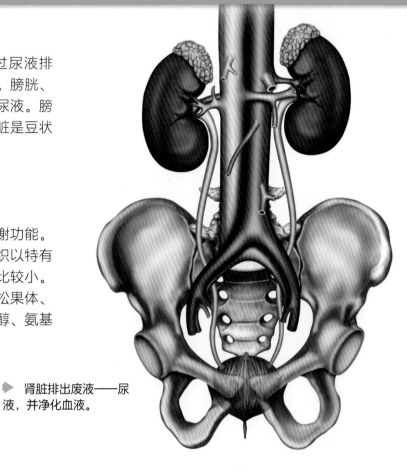

▶ 肾脏排出废液——尿液，并净化血液。

▶ 心脏是循环系统主要的泵送器官。

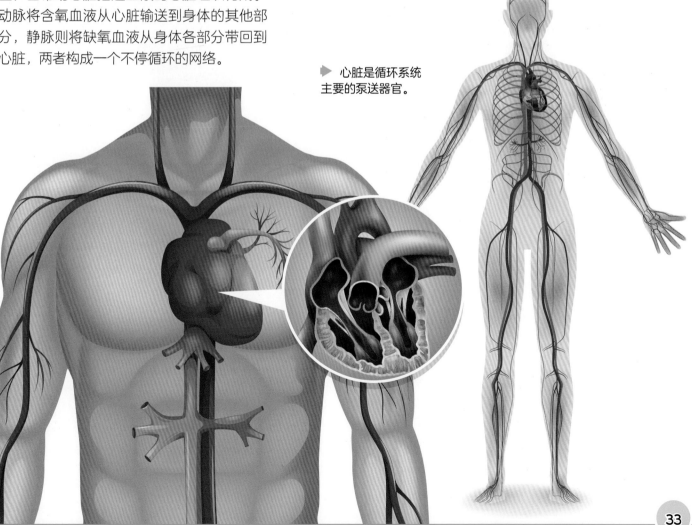

遗传学

长达几个世纪以来，人们一直观察到遗传现象（如后代遗传父母的特征），而遗传学知识也逐渐应用于改良动物和农作物的优秀特性，但是直到19世纪，科学家们才揭开我们今天所熟知的现代遗传学的奥秘。

遗传学史

　　费斯蒂斯·托纳是实验遗传学的先驱。他对绵羊进行了广泛的研究，是第一个使用"遗传学"这个词的人，他在作品《自然的遗传法则》（1819年）中描述了几个有关基因遗传的规则。

奥地利神父格雷戈尔·孟德尔，被称为"现代遗传学之父"。他从导师和同事对植物变异的研究中获得启发，选择豌豆进行试验。从1856年开始的八年里，孟德尔在修道院的一块园地里种植豌豆，研究了豌豆种子的大小和形状、豆荚形状、花色、株高以及其他一些因素，并记录了他的观察结果里。

百科档案

　　2000年，人类基因组计划基本完成了人类基因组工作草图，绘制了人体97%的基因组。

遗传

　　生物体通过称为基因的遗传物质，将亲代的特质遗传给后代，这就是遗传。孟德尔是在研究豌豆的遗传性状的过程中，第一个发现遗传现象的科学家。他有一个特别的观察发现，就是豌豆的花要么是紫色要么是白色，没有中间颜色。导致这种现象的原因是由同一基因的不同版本——等位基因的组合方式不同。拥有相同两个等位基因的生物体被称为同型结合。一组等位基因构成生物体的基因型，由此引起的物理可见的特点即为表现型。

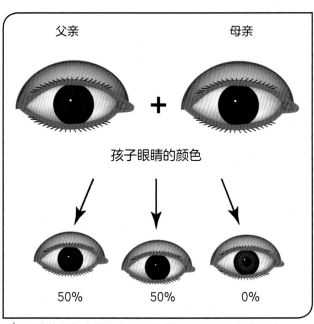

▲ 眼睛的颜色由遗传自父母的等位基因组合方式决定。

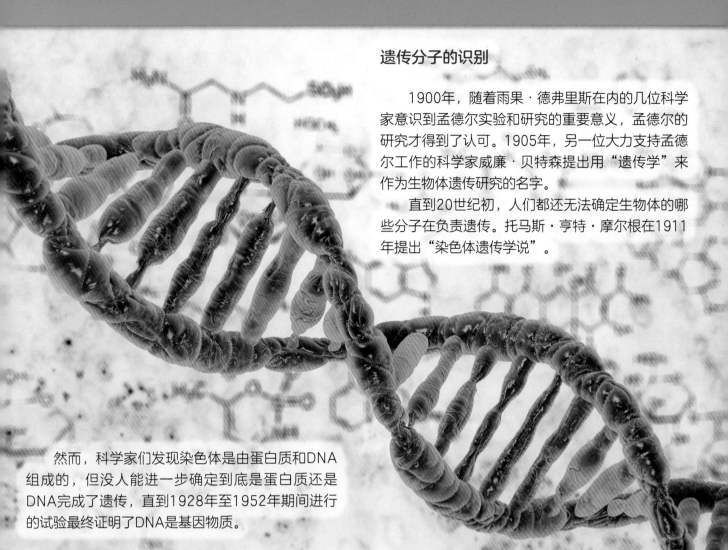

遗传分子的识别

1900年，随着雨果·德弗里斯在内的几位科学家意识到孟德尔实验和研究的重要意义，孟德尔的研究才得到了认可。1905年，另一位大力支持孟德尔工作的科学家威廉·贝特森提出用"遗传学"来作为生物体遗传研究的名字。

直到20世纪初，人们都还无法确定生物体的哪些分子在负责遗传。托马斯·亨特·摩尔根在1911年提出"染色体遗传学说"。

然而，科学家们发现染色体是由蛋白质和DNA组成的，但没人能进一步确定到底是蛋白质还是DNA完成了遗传，直到1928年至1952年期间进行的试验最终证明了DNA是基因物质。

DNA的结构

1953年，詹姆斯·沃森和弗朗西斯·克里克两名科学家在罗莎琳德·富兰克林和莫里斯·威尔金斯拍摄的X射线晶体衍射照片的帮助下，成功地确定了DNA的结构。DNA为双螺旋结构，两排核苷酸像两排旋转楼梯一样结合在一起。

DNA的四种核苷酸——腺嘌呤、鸟嘌呤、胞嘧啶和胸腺嘧啶——构成了互补链。腺嘌呤和胸腺嘧啶、鸟嘌呤和胞嘧啶结合。RNA也由四种核苷酸组成，但与DNA不同的是，RNA组成成分有尿嘧啶，而没有胸腺嘧啶。

DNA复制过程：DNA双链分开，并通过向两条单链添加互补核苷酸生成伙伴链，从而形成两条新的DNA链，其中每一条都有原始的父链。这个发现进一步解释了DNA的结构，清晰地描绘了分子内部发生的事件。

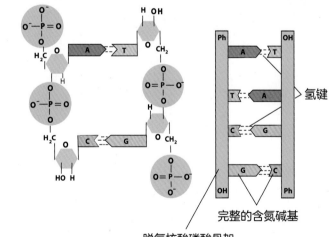

氢键

完整的含氮碱基

脱氧核酸磷酸骨架

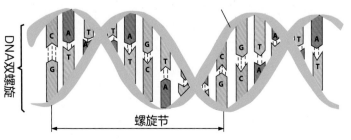

螺旋节

▬▬▶ 腺嘌呤　　▭▷ 胸腺嘧啶　　◁▭ 鸟嘌呤　　◁▭ 胞嘧啶

▲ DNA由双螺旋结构的大分子构成。

生物进化

生活在地球上的生物是复杂的，各自都有鲜明的特点和基因，这样的复杂性是数亿年的进化繁衍和适者生存的结果。

进化论

英国博物学家达尔文进行了为期五年的环球航行，研究各种动植物的变异。他在1859年出版的《物种起源》中提出了进化论。进化论的基础是，所有不同的物种都是从简单的单细胞生命形式进化而来的。现在，科学家认为这些简单的生命体最早于30亿年前形成。

尽管达尔文的理论在进化论者中受到最为广泛的欢迎和接受，但他并不是唯一提出进化理论的人。法国科学家拉马克在19世纪初提出了另一种理论。他认为，生物体的器官，使用越多就会变得越强大。

进化论者注意到在许多观察中拉马克的进化理论并不成立。根据拉马克的理论，随着时间的推移，所有的有机体都会进化并变得更加复杂，但它无法解释数十亿年以来简单微生物的存在。

▲ 达尔文因提出物种进化理论而闻名世界。

自然选择与选择繁殖

自然选择是达尔文进化理论的主要特点。简单一点说，就是个别物种出现的变异是由一个或多个基因的不同引起的；具有最适合生存特征的个体最容易生存、繁殖，并把可以产生有利特征的基因传递下去。

选择性繁殖是一个人工过程，人类选择具有有利特征的动物、植物，并使它们与同物种中具有相同或不同有利特征的个体交配，结果是使它们的后代拥有从亲代那里遗传来的有利特征。

▲ 对鹌鹑和其他动物进行选择性培育，使它们具有人类需要的特征。

百科档案

伯切尔氏斑马和渡渡鸟是最近几个世纪内灭绝的物种。

物种变异和物种形成

变异是基因发生的或好或坏的变化。这些变化的发生是随机的，通常是由环境辐射、化学元素和其他因素引起的。如果变异发生在生殖细胞上，这些基因会遗传给后代。如果变异有利于生存和繁殖，那么这种变异将会通过自然选择遗传给后代。

变异的影响、环境的改变以及自然选择等因素的综合作用，完全足够改变某个生物物种，形成一个新的物种。这一过程就是我们熟知的"物种形成"。新的物种不再能够与原始物种进行交配，繁育出具有繁殖能力的后代。

进化的证据

进化的大部分证据来自生活在不同时期的生物化石（从地球各地层保存下来的遗骸）。

达尔文蛾：在英国工业革命之前，只有浅色的达尔文蛾是常见的。而变异的黑色达尔文蛾具有极大劣势，因为它们很容易被鸟类发现和吃掉。随着污染的增加，黑色的达尔文蛾比浅色的更容易生存。

微生物对抗生素的耐药性：细菌和病毒能够快速进化，获得抗药性。这是因为有益的突变为突变个体提供了优势，而突变个体反过来又繁殖出更多具有相同基因的后代。

▲ 白虎由于基因变异，拥有不同的色素基因。

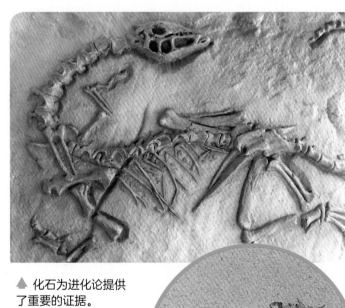

▲ 化石为进化论提供了重要的证据。

▶ 达尔文蛾的黑色变种，在工业革命后才变得普遍。

◀ 已灭绝的伯切尔氏斑马跟现代斑马很像。

物种灭绝

由于气候或环境的快速变化、过度捕食、新的致命疾病、新的竞争者或者栖息地的丧失，物种会面临灭绝威胁。

生态系统

生态学研究的是生物和环境之间相互作用的关系。人类的活动虽然对生物多样性产生不良影响，但同时人类在采取措施限制危害环境和保护其他物种的活动方面也发挥了积极作用。

生态系统

太阳是所有生物的能量来源，维持着地球上所有生命的存活。来自太阳的能量由能够进行光合作用的植物及其他生物获取，然后传递给其他生物体。

在某一空间内，生物与环境相互作用所形成的统一整体被称为生态系统。这些生物与环境维持着一种动态平衡。

各种植物之间会相互竞争空间、水和营养。动物之间会相互争夺领地、栖息地、食物和配偶。在一个生态系统内，每个物种都因为授粉、种子传播和食物等互相依存。某一物种的消失也会影响其他物种，这叫做生物的互利共生。

完美的生态系统是物种和环境达到平衡状态，物种数量基本保持不变。

▲ 太阳为地球上所有生物提供能源。

生物因素和非生物因素

任何生态系统都包括生物因素和非生物因素。

影响生态系统的生物因素：

- 生产者
- 分解者
- 消费者
- 能引起疾病的微生物等

影响生态系统的非生物因素：

- 光
- 温度
- 湿度
- 土壤
- 风

组织层次

食物链是生物体之间的线性连接关系，从生产者开始到分解者结束。它反映的是一个群落中的营养关系。在实际的生态系统中，食物链交错相连形成复杂的网状结构。

生产者通常是能够通过光合作用产生葡萄糖的绿色植物、藻类。生产者被初级消费者——食草动物吃掉。食草动物又被次级消费者——食肉动物和杂食动物吃掉。次级消费者也被称为掠食者，它们所捕食的有机体被称为猎物。三级消费者是顶层的食肉动物，以其他食肉动物为食。分解者对生物体死亡后的物质进行循环利用，起着重要的"清道夫"作用。

在一个稳定的生态系统中，不同层级的生物数量呈周期性上升和下降。

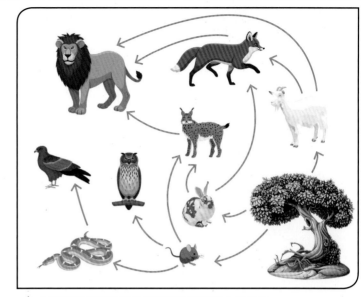

▲ 食物网展现的是捕食者和猎物在环境中的关系。

百科档案

只有10%的生物量能从一种营养级转换到了另外一个营养级。呼吸和排泄导致了生物量的损失。

营养水平

营养水平是指生物在生态系统食物链中所处的层级。在生态系统的能量流通过程中，不同生物按食物链环节所处位置而划分成不同的等级。它们通过不同的数字表示，第一级由生产者开始，第二级是食草动物，第三级是食肉动物。顶端，或最顶层，被一个或多个没有天敌的食肉动物占据。

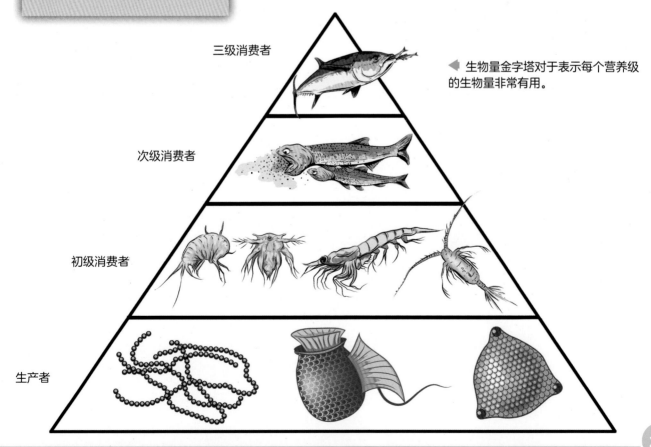

三级消费者

次级消费者

初级消费者

生产者

◀ 生物量金字塔对于表示每个营养级的生物量非常有用。

原子结构

所有的物质都由原子组成。原子是构成元素的最小单位。原子包含由质子和中子组成的原子核以及围绕原子核旋转的核外电子。

▲ 具有较高经济价值的金块。

元素、化合物和混合物

元素是具有相同核电荷数原子的总称。构成同一元素的所有原子都有相同的原子序数（原子核中的质子数）。每种元素均使用对应的化学符号来表示。到目前为止，已知的元素超过100种。

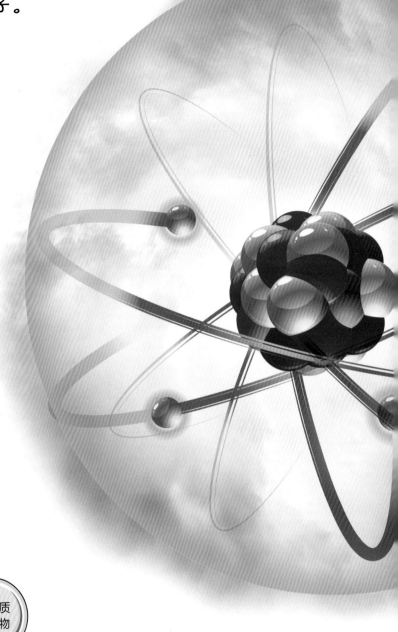

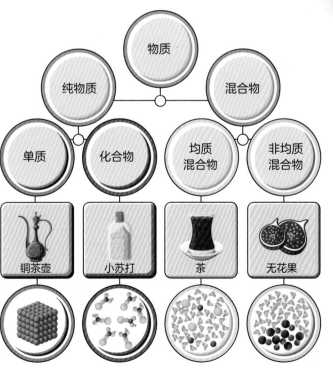

▲ 物质以纯物质或混合物的形式存在。

化合物通过元素之间的化学反应形成，包含两种或两种以上的元素，这些元素按照特定的比例结合起来。化合物一旦形成，只有通过特定条件下的化学反应才能将其分解成单个元素。

混合物由两种或两种以上的物质组成，但它们并没有按照特定的比例发生化学结合。混合物中任意一种成分的化学特性都保持不变，并且可以通过多种技术进行分离。

原子模型

发现原子是组成物质的最小单位的时候，人们还不知道它们确切的结构，并且认为原子是不可分割的球体。最早的原子模型之一是英国物理学家汤姆逊（1856—1940）提出的"梅子布丁模型"。在这个模型中，原子是一个球状颗粒，上面均匀地分布着正电荷，同时还嵌有负电荷。

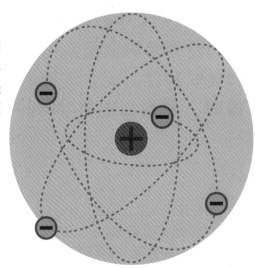

▶ 梅子布丁模型将原子核描述为一个球体，上面均匀地分布着正电荷，同时还镶嵌有负电荷。

α粒子散射实验在促进人们进一步了解原子性质方面发挥了重要作用。科学家利用这一实验确定了原子的正电荷集中在原子的中心。这个中心被称为原子核。原子有核模型取代了梅子布丁模型。

在原子有核模型的基础上，丹麦科学家尼尔斯·玻尔（1885—1962）提出电子在具有确定半径的圆周轨道上绕原子核运动，这一补充使得人们对原子的了解更加完整。

很长一段时间以后，进一步的实验表明，原子核由更小的粒子组成——带正电荷的质子和带中性电荷的中子。实验证据来自英国物理学家詹姆斯·查德威克（1891—1974），正是他证明了在原子核中，除了质子外，还存在中子。

原子的本质

在任何一个原子中，电子数等于原子核中的质子数。原子非常微小，半径通常约为0.1纳米。

质子和中子相对质量的总和是元素的原子质量，或质量数。质子数或电子数等于元素的原子序数。电子以一定的能级（或称为壳层）围绕原子核旋转。

▲ 钴的原子序数为27，质量数为58.93。

百科档案

原子核比原子小得多，约为原子大小的万分之一。

元素周期表

元素周期表是系统排列已知元素的方式。元素的编排位置揭示了其物理和化学特性。元素周期表之所以被称为周期表，是因为元素每隔固定的间隔周期，便会出现相似的特性。

元素周期表的历史

尽管许多元素，如金、铂、银和锡等很早之前就为人们所知。但直到20世纪，科学家才试图设计出一套系统，对已知的元素进行有效分类。新元素的发现也在一定程度上促进了元素周期表的发明。

法国化学家拉瓦锡（1743—1794）将元素定义为不能进一步分解的简单物质。他制作的元素列表包括氢、氧、氮、磷、汞、锌和硫，是现代元素周期表的基础。

另一位德国化学家德贝莱纳（1780—1849）按照物理特性的相似程度将元素以三个为单位分为一组，他称这些组合为"三元素组"。氯、溴和碘这三种元素便是其中一组。1864年，英国化学家约翰·纽兰兹（1837—1898）将已知的64种元素分为8组，他称之为"元素八音律"。

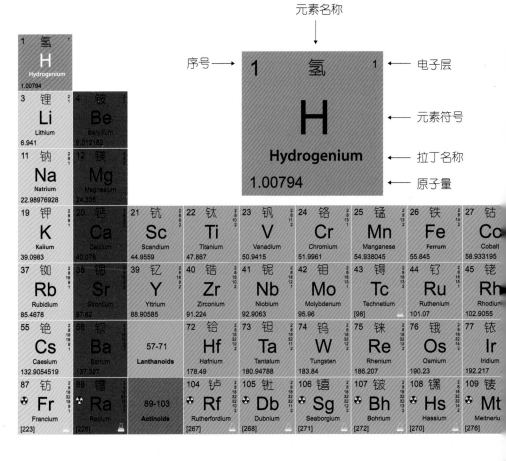

元素名称

序号

电子层

元素符号

拉丁名称

原子量

镧系元素 →

锕系元素 →

gold
79
Au
196.97

门捷列夫分类法

俄国化学家门捷列夫（1834—1907）最先发明了一种类似于我们使用的现代版本的元素周期表。门捷列夫根据相对原子质量的顺序对所有元素进行排列。按照这一方式，元素在性质上呈现出一种趋势或周期性。他发现化学性质相似的元素，它们的相对原子质量不断递增。

门捷列夫被誉为"元素周期表之父"。

门捷列夫预测了一些当时尚未发现的元素的性质，并在表中给未知元素留下了对应的空白。后来，科学家们对这些空白进行了补充。根据他的预测，锗、镓和钪后来被发现并被列入表中。门捷列夫的周期表于1869年正式公布。

- 贫金属
- 过渡金属
- 镧系元素
- 碱土金属
- 类金属
- 碱金属
- 其他非金属
- 卤族元素
- 锕系元素
- 零族元素
- 放射性元素
- 人造元素
- H 气态
- Hg 液态
- Li 固态

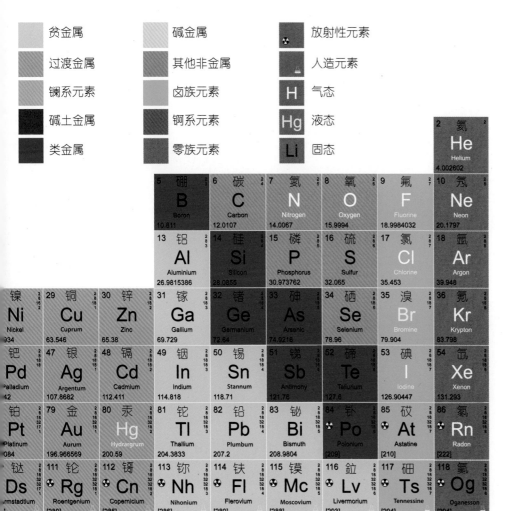

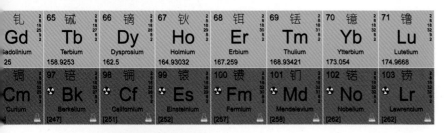

锗元素在发现之前就已经被预测出来。

百科档案

德国商人亨尼格·布兰德从蒸馏过的尿液中提取出了磷，成为了第一位元素发现者。

43

元素周期表的组成

在元素周期表中，具有相似化学性质的元素被安排在同一族。如今，元素周期表包含118种已知元素，其中有94种存在于自然界中，其余的只能在实验室中合成。

碱金属

碱金属构成了元素周期表的第一主族。碱金属的原子半径大，最外层只有一个电子，所以在反应中容易失去这一电子，因此它们是化学性质极为活泼的元素。锂、钠、钾、铷、铯和钫共同构成了周期表左侧的碱金属区。

3 锂 **Li** Lithium 6.941
Li 电池

11 钠 **Na** Natrium 22.98976928
Na 盐

19 钾 **K** Kalium 39.0983
K 水果和蔬菜

37 铷 **Rb** Rubidium 85.4678
Rb 全球导航系统

55 铯 **Cs** Caesium 132.9054519
Cs 原子钟

87 钫 **Fr** Francium [223]
Fr 激光原子阱

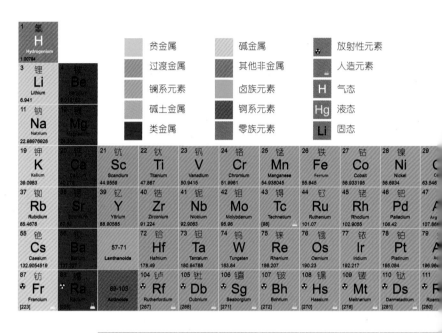

图例：
- 贫金属
- 过渡金属
- 镧系元素
- 碱土金属
- 类金属
- 碱金属
- 其他非金属
- 卤族元素
- 锕系元素
- 零族元素
- 放射性元素
- 人造元素
- H 气态
- Hg 液态
- Li 固态

镧系元素 → 57 镧 La / 58 铈 Ce / 59 镨 Pr / 60 钕 Nd / 61 钷 Pm / 62 钐 Sm / 63 铕 Eu / 64 钆 Gd

锕系元素 → 89 锕 Ac / 90 钍 Th / 91 镤 Pa / 92 铀 U / 93 镎 Np / 94 钚 Pu / 95 镅 Am / 96 锔 Cm

金属和非金属

能形成正离子的元素称为金属，不能形成正离子的元素称为非金属。元素周期表中的许多元素都是金属。它们大多分布在周期表的左侧和底部。非金属则分布在周期表的右侧和顶部。

4 **Be** Beryllium 祖母绿
12 **Mg** Magnesium 叶绿素
20 **Ca** Caelum 贝壳
38 **Sr** Strontium 烟火
56 **Ba** Barium X射线仪器
88 **Ra** Radium 夜光手表

碱土金属

碱土金属包括六种元素：铍、镁、钙、锶、钡和镭。和碱金属相同，碱土金属也非常活泼。在这些元素中，镭是一种放射性元素，其不稳定的原子核会发生衰变且放出射线。

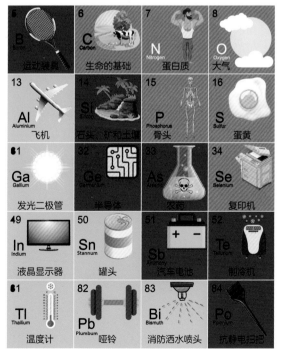

1 H Hydrogen 太阳
5 B Boron 运动装具
6 C Carbon 生命的基础
7 N Nitrogen 蛋白质
8 O Oxygen 大气
13 Al Aluminium 飞机
14 Si Silicon 石头、矿石和土壤
15 P Phosphorus 骨头
16 S Sulfur 蛋黄
31 Ga Gallium 发光二极管
32 Ge Germanium 半导体
33 As Arsenic 农药
34 Se Selenium 复印机
49 In Indium 液晶显示器
50 Sn Stannum 罐头
51 Sb Antimony 汽车电池
52 Te Tellurium 制冷机
81 Tl Thallium 温度计
82 Pb Plumbum 哑铃
83 Bi Bismuth 消防洒水喷头
84 Po Polonium 抗静电扫把

零族元素

零族元素是稀有气体，也称"惰性气体"。（氡的性质尚不明确。）这一族的元素最外层有8个电子（氦除外，其最外层只有2个电子），因此它们性质稳定，不容易发生反应。氦、氖、氩、氪、氙和氡等共同构成零族元素。

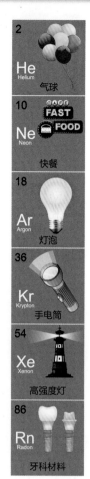

气球

快餐

灯泡

手电筒

高强度灯

牙科材料

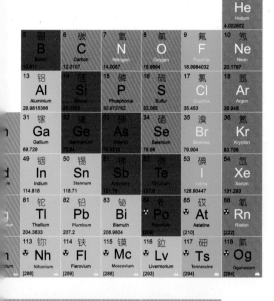

卤族元素

元素周期表中的第七主族为卤族元素，包括氟、氯、溴、碘和砹。它们的最外层都有七个电子。所有的卤素都以单个分子（一对原子）的形式存在。当卤族元素与另一种元素结合时，反应生成的化合物称为卤化物。氯化钠，即食盐，便是一种卤化物。卤素灯的组成包括内装有钨丝的玻璃容器，其中还注入了惰性气体和少量卤族元素，如溴或碘。

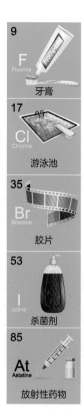

牙膏

游泳池

胶片

杀菌剂

放射性药物

镧系元素和锕系元素

镧系元素和锕系元素位于周期表主要区域的下方，由30种元素组成，其中的许多元素在地球上十分罕见。

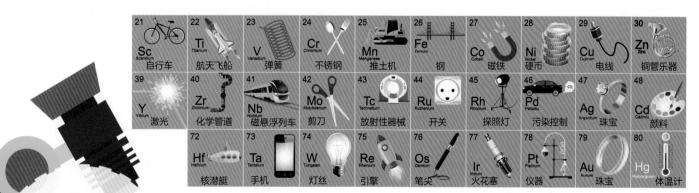

自行车　航天飞船　弹簧　不锈钢　推土机　钢　磁铁　硬币　电线　铜管乐器
激光　化学管道　磁悬浮列车　剪刀　放射性器械　开关　探照灯　污染控制　珠宝　颜料
核潜艇　手机　灯丝　引擎　笔尖　火花塞　仪器　珠宝　体温计

百科档案

铯的化学性质极为活泼，即使接触到冰也会发生爆炸！

过渡金属

过渡金属具有金属的性质，但不同于第一主族的碱金属。它们由第二主族和第三主族之间的元素组成。铁、铜、金和银是最著名的过渡金属。

化学键

原子之间可以形成化学键，从而以不同的方式排列形成分子。化学键的形成原理有助于科学家合成出具有理想特性的新材料。

化学键的形成

当原子彼此靠近时，其最外层电子会重新排布。与其他排列方式相比，化学键能够使原子体系保持最低的能量状态。

如果两个原子结合之后的总能量低于单个原子相加的能量，那么它们将会形成化学键。两种元素结合形成的化学键类型可以根据它们在元素周期表中的位置进行预测。

化学键的类型

化学键的类型有以下四种——共价键、离子键、金属键和氢键。非金属元素之间形成共价键。带相反电荷的离子之间形成离子键。金属化合物和合金之间形成金属键。

共价键

原子共享电子时，形成共价键。这些原子之间的键通常非常强。小分子和聚合物往往通过共价键形成。

钻石含有极其稳定的共价键结构。钻石中的碳原子通过强共价键连接在一起，使其成为世界上硬度最强的材料之一。

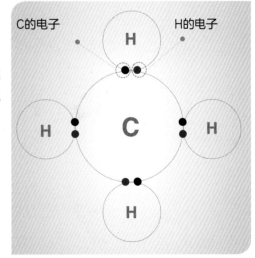

▲ 一个C原子与四个H原子共用电子形成甲烷。

金属键

金属由规则排列的大型原子组成。金属原子的最外层电子可以在整个结构中自由移动，在整个结构中的电子密度赋予了金属键强度。

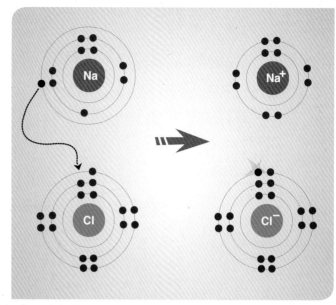

▲ 钠和氯通过离子键结合形成盐。

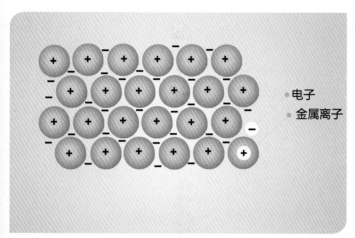

▲ 金属的强度来自于牢固的金属键。

●电子
●金属离子

离子键

当金属和非金属相互作用时，金属原子外层的电子转移到非金属原子上。失去电子后，金属变成带正电荷的离子，接受电子的非金属变成带负电荷的离子。带相反电荷的离子之间具有强大的吸引力，因此结合形成离子化合物。氯化钠晶体便是通过离子键结合而成的。

氢键

氢键是由一个氢原子和另一个只有一对电子的原子组成。氢键的强度比共价键和离子键弱，通常存在于DNA和蛋白质中。

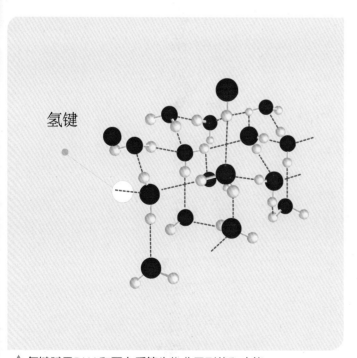

氢键

▲ 氢键赋予DNA和蛋白质等生物分子形状和功能。

百科档案

零族元素是唯一一种外层有饱和电子的元素。其他元素则需要通过相互结合才能获得这种稳定的结构。

物质的性质

地球上的物质主要以三种状态存在：固体、液体和气体。熔化、凝固、汽化、液化、升华、凝华是物质状态转换的六种方式。分子的排列方式和相互作用的不同使物质呈现不同的状态。

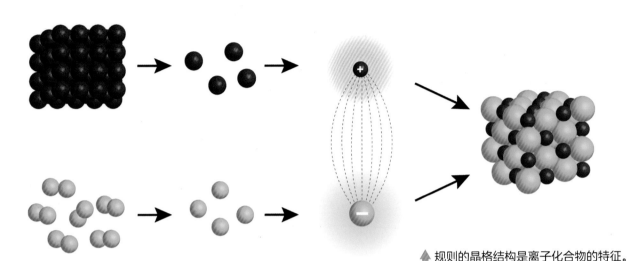

▲ 规则的晶格结构是离子化合物的特征。

不同物质的性质

物质的类型各式各样，性质也各不相同。离子化合物是由"晶格"组成的高度规则的结构。在这些"晶格"中，强大的静电力将带相反电荷的离子从各个方向聚集起来，形成具有一定强度和硬度的结构。因此，离子化合物具有较高的熔点和沸点，它们必须被加热到非常高的温度，使用大量的能量才能打破其离子键。离子化合物溶解于水后，其中的离子可以在溶液中自由移动并传导电荷，因此其溶液具有导电性。

聚合物是由原子通过稳定的共价键相互连接而成的高分子化合物。由于分子间存在相互作用力，聚合物相对比较稳定，在室温下呈固态。天然聚合物的种类繁多，比如纤维素、蛋白质和DNA等。聚四氟乙烯就是一种人造聚合物，用于制造不粘剂。

小分子通常存在于液体和气体中。氧、氮、氢等都属于小分子。在这些物质中，原子之间形成的化学键比较容易断裂，因而它们的熔点和沸点都很低。分子间作用力随分子大小的增加而增大。由于分子不含任何电荷（正电荷或负电荷），因此不具有导电性。

▶ 水是一种小分子物质，大量存在于地球上。

H_2O

▼ 聚合物由成百上千个重复的单元结构组成。

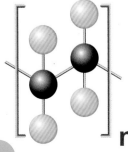

$$\left[CF_2 - CF_2 \right]_n$$

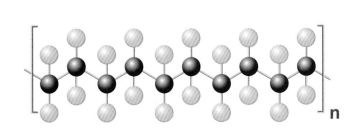

铜具有良好的导电性，常用于制作电缆。

具有巨型共价键结构的物质通常是熔点很高的固体。顾名思义，这种结构中的原子是通过强共价键连接在一起的。石墨、金刚石和硅等都具有巨型共价键结构。

金属和合金是由原子间牢固的金属键结合在一起的。在诸如金、银等纯金属中，原子是分层排列的，因此这些物质可以弯曲和塑形。金属的熔点和沸点都很高。纯金属的硬度较软，通常需要与其他金属混合，制成更为坚硬且实用的合金。金属中的电子可以自由移动，所以金属能够传导电荷和热量，因此金属具有较好的导热性和导电性。

炭化合物

一个碳原子与其他四个碳原子形成四个共价键，构成一个非常坚固的巨型共价键结构，这就是钻石的原子排列结构。因此，钻石是地球上最坚硬的物质之一，熔点很高。

当碳与三个碳原子形成三个共价键，构成一层六边形环时，这层环之间没有共价键，这就是石墨的原子排列结构。由于金刚石中每个碳原子的四个电子都通过共价键相连，而石墨中每个碳原子仅有三个电子形成共价键，因此石墨虽然硬度大，但仍然比不上金刚石。

钻石是自然界中最坚硬的物质之一。

富勒烯是由排列成六元环的碳原子组成的中空分子，形状呈球形。

碳纳米管是一种圆柱形分子，直径短，延伸范围长，广泛用于纳米材料、纳米技术和电子技术中。

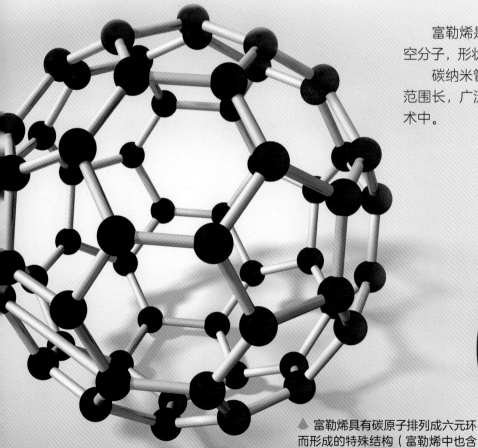
富勒烯具有碳原子排列成六元环而形成的特殊结构（富勒烯中也含有五元环，甚至是七元环）。

百科档案

石墨烯由单层石墨构成。

化学变化

通过系统的方法，人们可以通过观察到的不同的化学变化检验不同元素和化合物发生的反应。科学家可以利用得到的数据准确预测物质的反应过程，有助于研发多种材料和设计化工流程。

惰性气体

并不是所有的物质都能和其他物质相互作用并发生化学反应。稀有气体，包括氦、氖、氩、氪和氙，通常都不与其他物质相互作用，因此它们也被称为"惰性气体"。

氦氧混合气是一种氦气和氧气的混合物，供深潜到100米及其以下的专业潜水员使用。

金属，尤其是碱金属，化学性质非常活泼，和水、酸及其他多种物质都能发生相互作用。它们极其容易发生化学反应，这一特性使人们对它们的用途进行了广泛研究。

元素的活泼性取决于它的原子结构。金属的最外层轨道通常分布有一个或多个自由电子，这些电子可以与其他原子发生相互作用。

当金属与其他物质发生反应时，金属原子失去一个或多个电子而成为正离子。金属的活性取决于它形成正离子的倾向。按反应性大小做顺序排列是铯、铷、钾、钠、锂、钙、镁、锌、铁和铜。

某些非金属如氢和碳也包括在活性元素的列表中，因为它们很容易与许多物质发生反应。

▲ 碱金属的反应性很强，例如钠遇水就会发生爆炸。

有些元素可以发生氧化反应和还原反应。氧化是电子丢失的过程，而还原则是电子获得的过程。有时氧化和还原发生在同一反应中，这样的反应就是氧化还原反应。在这类反应中，其中一种物质因为失去电子而被氧化，同时另一种物质因为获得电子而被还原。

金属与氧气反应形成金属氧化物，与碱反应形成对应的盐和氢气。金属还可以跟水和酸发生反应。

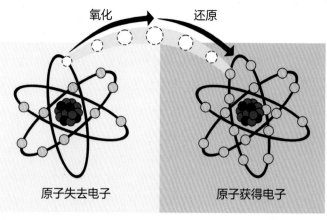

氧化 还原

原子失去电子　　　　原子获得电子

▲ 发生氧化还原反应时，一种物质被氧化，另一种物质则被还原。

盐

不溶性盐与酸类混合时形成可溶性盐。不溶性物质可以是金属氧化物、氢氧化物或碳酸盐。盐溶液可以通过结晶析出固体盐。

酸和碱相互作用时会中和形成盐和水。酸性溶液和碱性溶液的反应量可以在实验室中用滴定法测定。

◀ 酸碱中和的结果是形成盐。

pH值

酸在水中溶解时产生氢离子（H^+），而碱的水溶液中含有氢氧根离子（OH^-）。pH值用于指示溶液是酸性的还是碱性的，其范围从0到14。

pH值为7的溶液被认为是中性的，pH值小于7的为酸性，大于7的为碱性。

橙汁
pH值为3~5

番茄汁
pH值为5~6

纯净水
pH值接近7

抗酸药
pH值为10

肥皂水
pH值为12

| 0 | 1 | 2 | 3 | 4 | 5 | 6 | 7 | 8 | 9 | 10 | 11 | 12 | 13 | 14 |

酸性　　　　　　　　　中性　　　　　碱性

蓄电池酸液
pH值为1~2

醋
pH值为2~3

牛奶
pH值为6.5~6.8

牙膏
pH值为8~9

清洁剂
pH值为13~14

电解

　　电解是溶于水中的离子化合物获得导电能力的过程。电解之所以成为可能，是因为溶液中的离子可以自由移动。

电解过程

　　含有离子的溶液称为电解液。当电流通过电解液时，离子移动的电极方向取决于其电荷类型：阳离子向阴极（负极）移动；阴离子向阳极（正极）移动。离子在电极上得失电子时会产生新物质，这个过程称为电解。

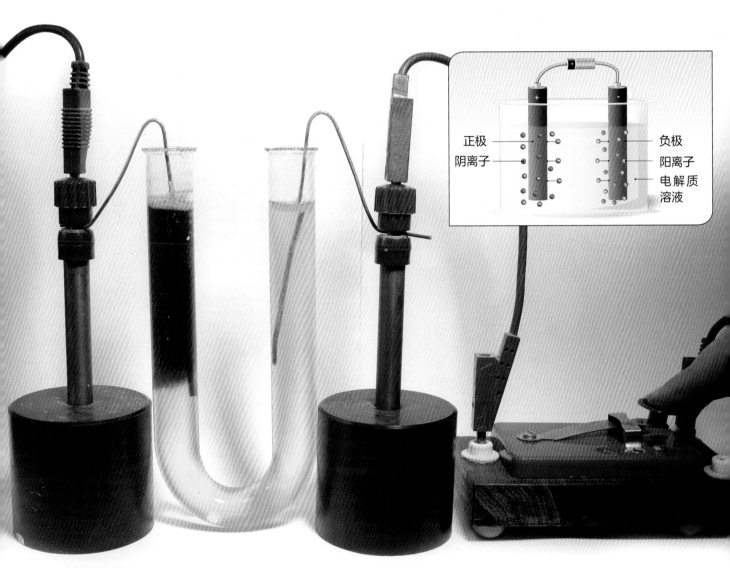

水溶液的电解

　　水本身无法导电，除非其中含有离子才具有导电性。离子化合物的水溶液可用于电解。电解的过程需使用惰性或不参与化学反应的电极。在阴极，阳离子获得电子，发生还原反应。在阳极，阴离子失去电子，发生氧化反应。

◀ 在实验室中，使用简单的仪器便可进行电解。

熔融离子化合物的电解

当一种离子化合物在熔融状态下用惰性电极进行电解时，结果是阴极生成金属，阳极生成非金属。熔融离子化合物的一个例子是溴化铅。铅作为金属在阴极产生，而溴在阳极产生。

提取金属

电解可以用于提取金属。如果金属的反应性太强，无法通过传统的与碳反应方式提取时，电解就成为首选。以碳为正极，对氧化铝和冰晶石进行电解可以生成铝。

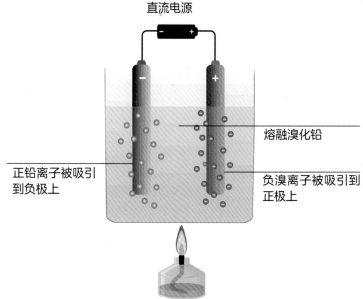

直流电源

—   熔融溴化铅

正铅离子被吸引到负极上

负溴离子被吸引到正极上

▲ 电解溴化铅时，阴极生成铅，阳极生成溴。

电解的应用

许多金属如铝、镁、钠和钙等都是通过电解产生的。其他的金属如金、银和铜等都可通过电解进行提纯。氢气通过电解水而产生，可用作燃料电池的燃料。

电镀

电镀是利用电解原理在金属表面镀上一层其他金属的过程。整个过程由通过电解液的电流完成。用于电镀的两个电极都是由金属制成的，镀层金属的阳离子溶液做电解液。

如果要在黄铜勺表面镀上一层铜，则需要将黄铜勺作为阴极，铜作为阳极，硫酸铜溶液作为传导电流的电解液。当铜离子从溶液中沉积出时，黄铜勺表面就会镀上一层薄薄的铜。

▲ 铝是可通过电解制取的金属之一。

百科档案

你知道宇航员和潜水艇中使用的氧气都是通过电解过程制取的吗？

▶ 电镀可用于制作精美的餐具。

能量变化

能量变化是化学反应发生时出现的正常现象。元素相互作用时，由于化学键的断裂和重新形成，能量发生转移。能量的变化分为两种：放热和吸热。

化学反应和能量变化

当化学反应发生时，能量是守恒的，因此化学反应结束时的能量与反应前的能量是相等的。只有当参与反应的粒子相互碰撞并且这些粒子都具有足够多的能量时，反应才能发生。粒子发生反应所需的最小能量称为活化能。

形成气体

能量变化（如发光、热）

化学反应指示剂

颜色变化

生成沉淀

▲ 化学反应发生时会产生各种不同的可见现象。

化学反应的能量变化图可以体现出反应物和生成物的相对能量、活化能和反应体系总能量的变化。

当发生化学反应时，会发生下列事件：
1.提供能量以破坏反应物中的化学键。

2.释放能量以形成生成物中的化学键。

3.通过计算化学键的能量可得出破坏化学键所消耗的能量以及形成化学键所释放的能量总和。

4.反应总能量发生的变化是破坏反应物化学键所消耗的能量和形成生成物化学键所释放的能量之差。

5.在放热反应中，形成新化学键时释放的能量大于破坏反应物化学键时消耗的能量。

6.在吸热反应中，破坏反应物化学键时消耗的能量大于形成新键时释放的能量。

放热和吸热反应

放热反应将能量释放到环境中，周围环境的温度因此升高。吸热反应则从环境中吸收能量，周围环境的温度因此降低。

电池

电池中含有能够通过发生反应来产生电能的化学物质。在电解液中连接两种不同的金属可制成一个简易的电池。电池组通常由两个或多个电池串联而成，以便提供更高的电压。

在一次性电池中，如碱性电池，其中一种反应物完全耗尽时化学反应就会停止，因此电池一旦用完便被丢弃。可充电电池接通电流时，其内部的化学反应可以逆向进行，因此这类电池可以通过充电反复使用。

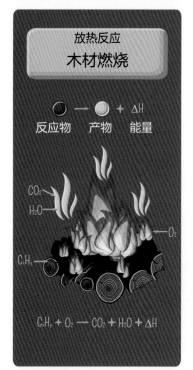

放热反应
木材燃烧

反应物　产物　能量

CO_2
H_2O
O_2
C_4H_x

$$C_4H_x + O_2 \longrightarrow CO_2 + H_2O + \Delta H$$

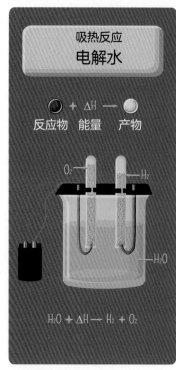

吸热反应
电解水

反应物　能量　产物

O_2　H_2
H_2O

$$H_2O + \Delta H \longrightarrow H_2 + O_2$$

▲ 放热反应释放能量，而吸热反应吸收能量。

▲ 充电电池广泛应用于电子设备供电。

◀ 电化学反应是氢燃料电池的主要工作原理。

氢燃料电池以氢气、氧气或水为原料，通过电化学反应产生电位差，可以替代普通电池和电池组。

百科档案

世界上最小的电池是利用了3D打印技术制成的，只有一粒沙子大。

化学反应

　　不同的化学反应有不同的反应速率，但人为控制化学反应，可以加快或减慢其反应速度。科学家们研究了影响化学反应速率的不同变量，以使其在大规模工业应用中发挥作用。

化学反应速率

　　化学反应速率是通过确定反应物的数量和给定时间内形成产物的数量来测量的。影响化学反应速率的因素包括反应液体的浓度、反应气体的压力、反应固体的表面积、温度、催化剂等。

碰撞理论

　　碰撞理论有助于确定不同因素如何在化学反应速率中发挥作用。根据这一理论，只有当粒子以足够多的能量相互碰撞时才能发生化学反应。

　　反应物的浓度、体积或表面积增加时，粒子的碰撞次数增多，从而使反应速率加快。另外，反应温度升高时，粒子碰撞产生的能量增大，也可以提高反应速率。

低浓度 = 少量碰撞

高浓度 = 较多碰撞

▲ 分子碰撞的频率决定了反应速率。

催化剂

催化剂是一种可以加快化学反应速率但却不被消耗的物质。不同的反应需要不同的催化剂。酶是生态系统中最重要的催化剂之一。

催化剂可以改变反应途径，降低反应的活化能，从而加快反应速率。但并不是所有的催化剂都可以加快反应速率。有些催化剂还可以减缓反应速率，又称为抑制剂。

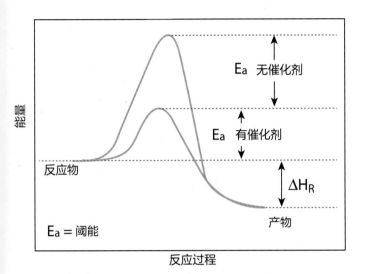

▲ 如图所示，催化剂可以加快反应速率。

可逆反应和不可逆反应

同一条件下，生成物可以逆向反应生成反应物，这种反应称为可逆反应。而另一些反应则不可逆向进行，称为不可逆反应。

如果一个可逆反应正向进行时放热，那么它逆向进行时则吸热。温度、压力、反应物或生成物的浓度等各种因素都可以影响反应速率。

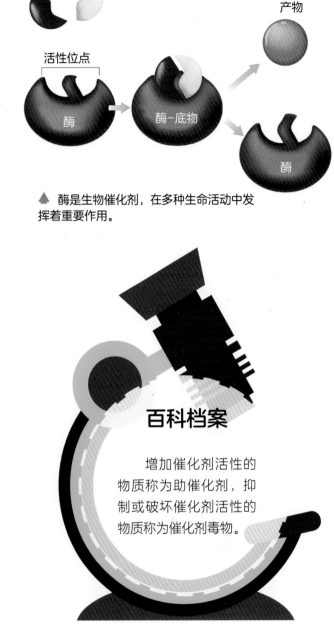

▲ 酶是生物催化剂，在多种生命活动中发挥着重要作用。

百科档案

增加催化剂活性的物质称为助催化剂，抑制或破坏催化剂活性的物质称为催化剂毒物。

可逆反应

不可逆反应

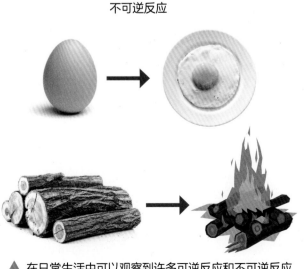

▲ 在日常生活中可以观察到许多可逆反应和不可逆反应。

有机化合物——碳氢化合物

有机化合物由碳元素与其他元素结合而成，最常见的组成元素是氢、氧和氮。碳原子能与其他原子结合形成各种化合物，因此有机化合物的种类繁多。

常见有机化合物

有机化合物是有机体的主要组成部分，对生命活动具有重要意义。有机化合物可由人工合成或提取，用于不同的目的。一些重要的有机化合物包括：

- 化石燃料
- 药物
- 香水
- 农药
- 染料
- 洗涤剂

碳氢化合物和原油

原油是由数百万年前埋藏于地下的生物遗骸形成，由不同种类的化合物（大多数是碳氢化合物）组成的油状液体。

烷烃是最常见的烃类，化学通式为C_nH_{2n+2}。烷烃族的前四种化合物是：

- 甲烷（CH_4）
- 乙烷（C_2H_6）
- 丙烷（C_3H_8）
- 丁烷（C_4H_{10}）

◀ 从油井中抽取出原油，通过蒸馏可以分离出不同的产品。

碳氢化合物的分离

对原油中的碳氢化合物可以通过分馏进行分离，将碳氢化合物分离成不同部分，每一部分的碳氢化合物都含有数量相近的碳原子。汽油、柴油、煤油、燃料油、液化石油气等产品都是通过蒸馏原油而得到的。

碳氢化合物的物理和化学性质很大程度上取决于分子的大小。分子越大，碳氢化合物的沸点、黏度和可燃性越高。

碳氢化合物的性质也决定了它们作为燃料时的使用方式，以及加热时释放能量的高低。碳氢化合物完全燃烧时生成水和二氧化碳。

烃类的裂解

长链碳氢化合物可以分裂成更适合各种用途的小分子，比如短链的烷烃和烯烃，这个过程称为裂解。裂解有两种常见方式：蒸汽裂解和催化裂解。

烯烃比烷烃更活泼，可用作燃料。此外，烯烃还是生产各种聚合物和化学物质的重要原料。烯烃是指含有碳碳双键的碳氢化合物，其化学通式为C_nH_{2n}。烯烃族的前四种化合物为：

• 乙烯（C_2H_4）	• 丁烯（C_4H_8）
• 丙烯（C_3H_6）	• 戊烯（C_5H_{10}）

烯烃不能像烷烃那样完全燃烧，因此烯烃加热燃烧时会冒烟。

▶ 产生有用物质。

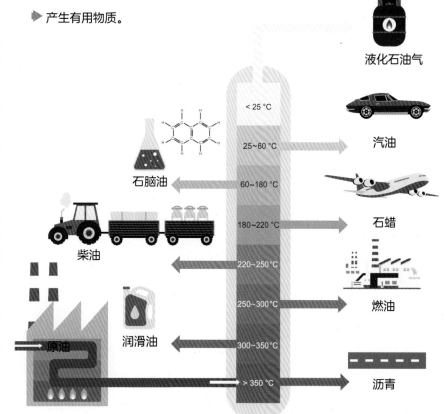

温度	产品
< 25 °C	液化石油气
25~60 °C	汽油
60~180 °C	石脑油
180~220 °C	石蜡
220~250 °C	
250~300 °C	燃油
300~350 °C	润滑油
> 350 °C	沥青

原油　柴油

百科档案

樟脑丸可用作杀虫剂和衣服除臭剂，由芳香烃萘制成。

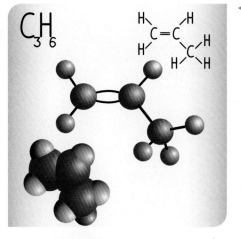

◀ 丙烯是烯烃的一种类型。

▶ 乙烯是烯烃族的第一种化合物。

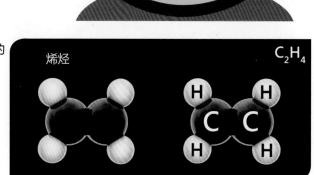

烯烃　　　　C_2H_4

有机化合物——醇和羧酸

醇类和羧酸类是另一类重要的有机化合物。这两类化合物能够相互作用产生称为酯的化合物。

醇类

醇是与羟基相连的碳氢化合物中结构最为简单的一类，其化学通式为$C_nH_{2n+1}OH$。醇类的前四种化合物是：

- 甲醇
- 乙醇
- 丙醇
- 丁醇

醇类的应用

甲醇和乙醇是最常见的醇类，具有多种用途。例如甲醇用作汽油添加剂可以提高汽油的燃烧性能，其本身也可以用作燃料。

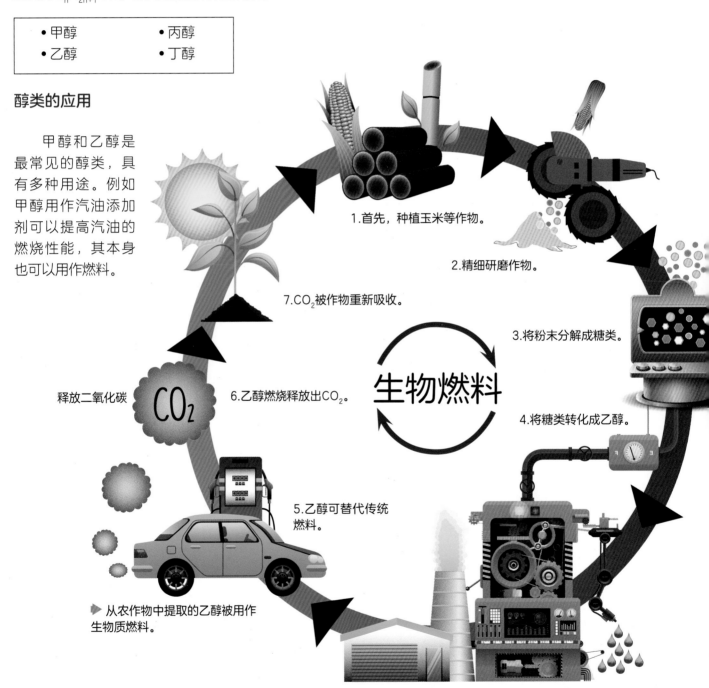

生物燃料

1. 首先，种植玉米等作物。

2. 精细研磨作物。

3. 将粉末分解成糖类。

4. 将糖类转化成乙醇。

5. 乙醇可替代传统燃料。

6. 乙醇燃烧释放出CO_2。

7. CO_2被作物重新吸收。

释放二氧化碳 CO_2

▶ 从农作物中提取的乙醇被用作生物质燃料。

乙醇广泛用于生产香水、化妆品和饮料，与汽油混合后还可以用作生物质燃料。此外，乙醇还是生产麻药的原料。

羧酸

羧酸是含有羧基（—COOH）的有机化合物。碳原子通过一个双键与一个氧原子相连，再通过一个单键与一个羟基相连。羧酸是弱酸，在自然界中以脂肪酸、氨基酸、乳酸、丁酸、柠檬酸等形式存在。羧酸类的前几种化合物如下：

- 甲酸
- 乙酸
- 丙酸
- 丁酸
- 戊酸

羧酸的应用

脂肪酸钠盐或脂肪酸钾盐是制造肥皂的原料。此外，许多有机酸如醋酸和柠檬酸等在食品工业中被广泛使用，尤其是碳酸饮料的生产。醋酸在食品生产中可用于生产食用醋。部分羧酸钠盐还可用作防腐剂。在制药行业中，羧酸用于生产阿司匹林和非那西丁等药物。羧酸还是制作香水、染料和人造纤维（如人造丝等产品）的原料。部分长链的羧酸钠盐和羧酸钾盐可用于生产肥皂。

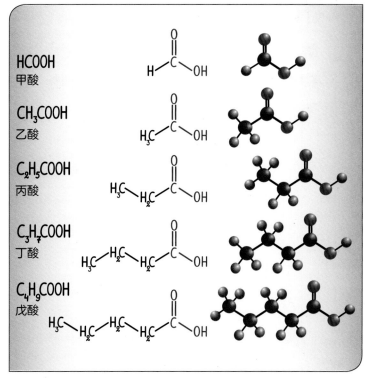

HCOOH 甲酸

CH_3COOH 乙酸

C_2H_5COOH 丙酸

C_3H_7COOH 丁酸

C_4H_9COOH 戊酸

▲ 羧酸的前五个成员。

▶ 醋和阿司匹林是由羧酸制成的。

百科档案

甲醇是木材干馏（在隔绝空气的情况下加热木材）的副产品，因此甲醇也被称为"木醇"。

聚合物

聚合物分为天然和合成两类，其分子结构由重复的相似单元组成。塑料、人造树脂是合成聚合物，蛋白质、DNA、淀粉和纤维素是天然聚合物。

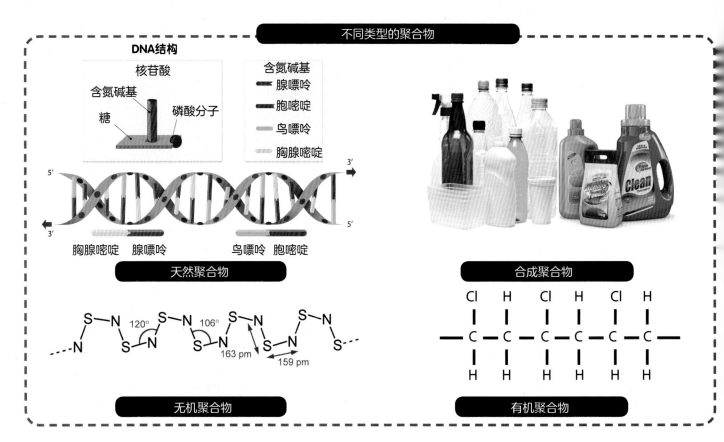

不同类型的聚合物

DNA结构

核苷酸

含氮碱基

糖

磷酸分子

含氮碱基

腺嘌呤
胞嘧啶
鸟嘌呤
胸腺嘧啶

5′ 3′

3′ 5′

胸腺嘧啶 腺嘌呤 鸟嘌呤 胞嘧啶

天然聚合物

合成聚合物

无机聚合物

120° 106° 163 pm 159 pm

有机聚合物

聚合

聚合是加入多个重复单元形成高分子的过程，分为加成聚合和缩合聚合。

加成聚合指的是小分子（称为单体）连接在一起形成长链重复单元的反应。加成聚合没有副产物，因此加成聚合物的原子数量与单体包含的原子总数相同。

在缩合聚合中，单体需带有两个或两个以上的官能团，官能团之间通过脱去小分子而相互结合。氨基酸通过缩聚而成，反应过程生成副产物水。

聚乙烯

聚丙烯

聚氯乙烯

聚己内酯

聚羟基丁酸酯

聚苯乙烯

聚乳酸

▲ 聚合物具有由不同亚基连接而成的重复结构。

天然聚合物

氨基酸含有氨基和羧基两个官能团，自然界中存在20种氨基酸。氨基酸以不同的数目结合时会形成不同的多肽。肽链结构由氨基酸缩合而成。不同的氨基酸结合成一条肽链，肽链折叠形成蛋白质。胰岛素是由氨基酸单元重复连接而成的一种蛋白质。

▲ 胰岛素是一种小蛋白质，是氨基酸的聚合物。

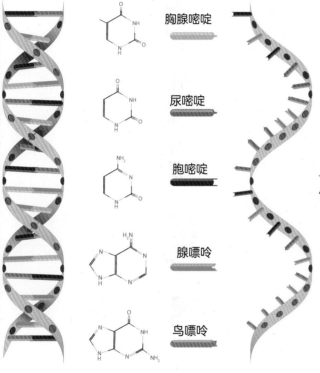

胸腺嘧啶

尿嘧啶

胞嘧啶

腺嘌呤

鸟嘌呤

◀ DNA和RNA由4个重复的核苷酸单元组成，但核苷酸种类不完全相同。

DNA和RNA：DNA是一种生物大分子，包含着决定细胞全部结构和功能的基因图谱。DNA存在于所有的有机体中，由四种核苷酸不断重复配对而成的长链组成，包括腺嘌呤、鸟嘌呤、胞嘧啶和胸腺嘧啶。DNA具有两条长链，各自的碱基通过双键和三键互补配对，最终两条长链相互缠绕形成双螺旋结构。RNA担任的主要角色是信使，负责传递DNA的指令，控制蛋白质的合成。

合成聚合物：合成或人造聚合物是人为制造的，自然界中不存在的物质。聚乙烯是目前已知的结构最简单的聚合物之一，由重复的乙烯单元聚合而成。合成聚合物有时可代指塑料。尼龙、特氟龙、聚氯乙烯（PVC）、聚乙烯和聚丙烯等塑料制品广泛用于制造织物、水管和不粘锅等产品。

百科档案

"聚合物"的英文为"polymer"，源于希腊语，其中"poly"意为"多"，"mer"意为"单元"。

▲ PVC管和聚四氟乙烯锅是由人造聚合物制成的。

由于合成聚合物不易被生物降解，容易引发环境问题，因此合成聚合物一直备受关注。

化学分析

在化学实验室中，分析员使用不同的测试来检测化合物的成分。这些测试通常依赖于能够出现明显现象的化学反应，例如形成沉淀物、颜色、气味或释放具有可识别特性的气体。测试样品量较少时也会使用仪器进行测试。

鉴别纯净物和混合物

纯净物通常是没有与其他物质混合的单质或化合物。混合物则由两种或两种以上的化学物质混合而成，没有固定的化学式和性质。

纯净物具有特定的熔点和沸点，利用熔点和沸点数据可以区分纯净物和混合物。

色谱法是一种用于分离混合物各个成分的化学方法。色谱法分为不同的类型，最简单的是纸色谱法。其原理是，色谱纸在流动相和固定相之间分配物质，从而实现物质分离。

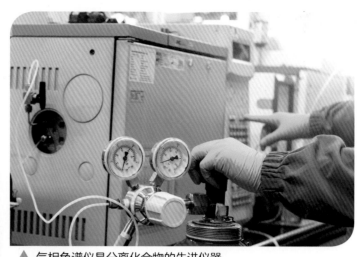

▲ 气相色谱仪是分离化合物的先进仪器。

▲ 薄层色谱法可以分离简单的食用色素成分。

在典型的纸色谱装置中，流动相是一种溶剂，如酒精，而固定相是所用的滤纸条，也称为"色谱图"。操作过程是，先在滤纸一端滴上一滴有色的化学混合物，将滤纸浸入溶剂中，溶剂向上移动并与混合物发生反应，相应的反应位置会出现不同的色带。

鉴别气体

氢气测试：将燃烧的木棒或木条放置在装有氢气的试管口附近，若试管中的气体是氢气，木条会明亮地燃烧，并发出轻微的爆鸣声。

氧气测试：将燃烧的木条放置在装有氧气的试管口附近时，木条会燃烧得更加明亮。带火星的木条接触到氧气后则会复燃。

百科档案

纸色谱法是阿彻·马丁和理查德·辛格在1943年发明的。

◀ 燃烧的木条用于测试氢气。

二氧化碳测试：将二氧化碳气体通入装有氢氧化钙溶液（石灰水）的试管中时，溶液会变成乳白色或出现浑浊。

氯气测试：石蕊试纸可用于鉴定氯气。将湿润的蓝色石蕊试纸放入装有氯气的试管中时，试纸会被漂白。

▲ 燃烧的木条接触到氧气时会发生更加明亮的燃烧。

鉴别离子

焰色反应是鉴别不同金属离子最简单的方法。通过焰色反应可以对含有锂、钠、钾、钙和铜等金属离子的化合物进行鉴定。

金属离子	火焰颜色
锂	紫红
锌	黄
钠	深黄
钾	浅紫
钙	橙红
铜	绿
锶	红

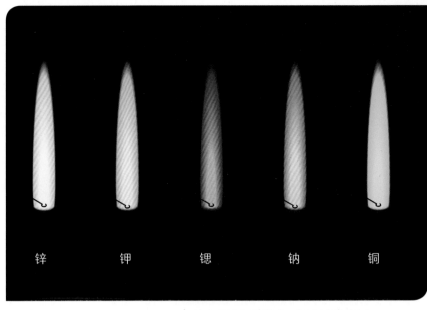

▲ 焰色反应用于鉴定不同元素的离子。

鉴别氢氧化物、碳酸盐、卤化物和硫酸盐

碳酸盐可以通过与稀酸混合来鉴别。两者反应生成二氧化碳，将气体导入石灰水中，若生成沉淀即可确定气体为二氧化碳。

卤化物可以与酸性硝酸银溶液反应生成沉淀。其中氯化银为白色沉淀，溴化银为淡黄色沉淀，碘化银为黄色沉淀。

硫酸盐离子与酸性氯化钡溶液反应生成白色沉淀。

金属氢氧化物可以通过滴入氢氧化钠溶液来进行鉴别。

金属离子	沉淀颜色
铝	白
钙	白
镁	白
铜（II）	蓝
铁（II）	白
铁（III）	棕

许多元素可以以多种形式存在。化学式中的上标数字表示氧化状态。正二价的铁离子和正二价的铜离子失去了2个电子，而正三价的铁离子则失去了3个电子。

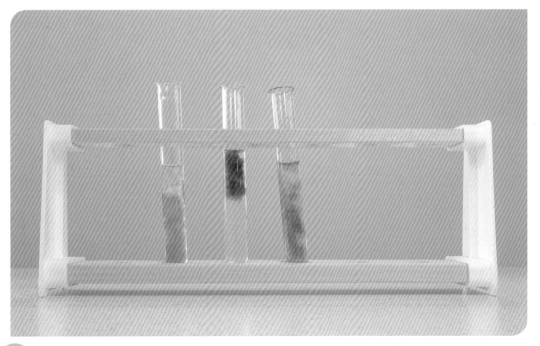

◀ 不同的金属与氢氧化钠溶液反应生成不同颜色的沉淀。

火焰发射光谱法

现代仪器可以准确、灵敏和快速地鉴别元素和化合物。火焰原子发射光谱仪是检测溶液中金属离子最常用的仪器之一。使用时先点燃待测样品，火光通过分光镜后仪器会输出一个线状光谱，与参考光谱对比便可确定离子种类。

▲ 一种称为原子吸收光谱仪的分光镜，可以鉴别溶液中的金属。

质谱分析法

质谱仪用于测定给定样品所含粒子的质量。对于未知成分的某个特定样品，可以使用质谱仪对样品所含元素的质量进行测定，从而确定元素种类。有时，质谱仪还能揭示分子结构。使用质谱仪时需要先将样品电离，即人为地给样品赋予正电荷或负电荷。然后测量带电粒子的质荷比，这就是质谱仪的工作原理。1912年，英国物理学家汤姆逊发明了第一台质谱仪。和分光镜一样，为了满足不同的需要，质谱仪也有多种类型。

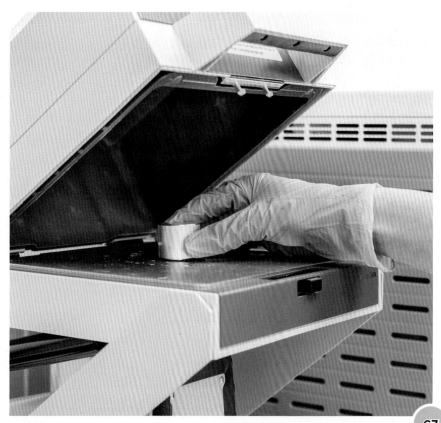

► 质谱仪可应用于制药、采矿等多种领域。

大气化学

大气层是包围地球的气体圈层，为生物提供了生存所需的气体，同时还能保护地表免受辐射的伤害。大气是动态的，在自然因素和人类活动的影响下不断发生变化。

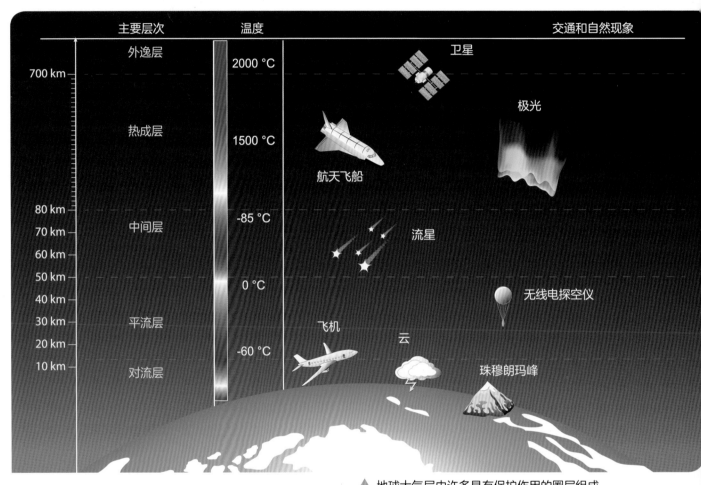

主要层次	温度	交通和自然现象

- 700 km — 外逸层 — 2000 °C — 卫星
- 热成层 — 1500 °C — 极光 — 航天飞船
- 80 km, 70 km, 60 km — 中间层 — -85 °C — 流星
- 50 km, 40 km — 0 °C — 无线电探空仪
- 30 km, 20 km — 平流层 — 飞机 — 云 — 珠穆朗玛峰
- 10 km — 对流层 — -60 °C

▲ 地球大气层由许多具有保护作用的圈层组成。

地球的大气层

在过去大约两亿年的时间里，大气中的气体成分基本保持不变，由氮气、氧气、二氧化碳、水蒸气、甲烷、氢气以及少量的氩气、氦气、氪气和氖气等气体组成。

大气分为对流层、平流层、中间层、热成层和外逸层。对流层最接近地球表面。外逸层位于最外层，其中的大气粒子会逐渐散逸到星际空间中。

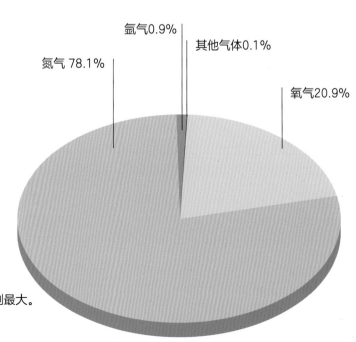

氩气0.9%
其他气体0.1%
氮气 78.1%
氧气20.9%

➡ 氮气和氧气在大气中所占的比例最大。

早期大气

有许多理论对地球早期大气的构成，以及45亿年来大气的演变做出了推测。根据其中的一种理论，在最初的10亿年里，剧烈火山活动释放出的气体构成了早期大气。

那时候二氧化碳占了大气的绝大部分，氧气少到几乎没有。火山活动释放出的氮气、氨气和甲烷等在大气中聚集。

当海洋形成时，大气中的二氧化碳溶解在水中形成碳酸盐，形成沉淀物并作为沉积物积聚。这个连续的过程逐渐减少了大气中的二氧化碳。

▲ 在地球诞生之初的几百万年里，火山活动频发且剧烈。

大气中二氧化碳和氧气的比例变化

藻类和植物出现以后，它们消耗了二氧化碳并产生氧气。从大约27亿年前开始，氧气开始在大气中积聚。数百万年来，更多的植物物种进化和繁衍，更是增加了氧气的含量。各种依赖氧气生存和生长的动物也得以发展。

二氧化碳的减少当然也得益于其他过程，如沉积物和化石燃料的形成。

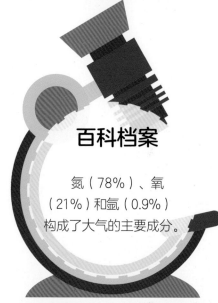

百科档案

氮（78%）、氧（21%）和氩（0.9%）构成了大气的主要成分。

污染

　　人类活动造成了空气污染、水污染和土地污染，同时也影响了大气的成分构成。尽管温室气体是存续地球上生命的重要气体，但是如果超过一定水平，就可能造成全球风险。

温室气体

　　二氧化碳、甲烷和水蒸气是大气中的温室气体。它们对于维持生命活动非常重要。植物的生长需要吸收二氧化碳。然而，由于各种各样的人类活动，温室气体的水平呈现稳定持续的增长。温室气体增长最大的来源是为发电、工业使用以及驱动汽车而燃烧的化石能源。

▲ 车辆的不断增加导致了空气污染日益严重。

土地污染和水污染

　　土地污染又被称为土壤污染，是由碳氢化合物、化学溶剂，以及铅和汞等重金属造成的。当这些化学物质进入土壤后，它们会污染土壤的最表层。塑料在土壤中的堆积也是一大隐患，尤其是对野生动物，因为塑料制品需要数百年的时间才能降解。

▶ 未经处理的工业废水污染了水源。

全球气候变化

　　科学家们已经确定，某些人类活动的持续引起了温室气体排放的增加，进而导致全球气温上升。最终，这将引起气候模式的改变，造成严重后果，比如冰川的融化会淹没许多海岸地区。

▲ 全球变暖导致极地冰盖融化。

污染物

　　煤炭、石油和天然气等化石燃料的燃烧是空气污染的主要来源。化石燃料燃烧释放出二氧化碳、一氧化碳、二氧化硫、碳氢化合物、固体废物（如烟尘）和一氧化氮。这些气体与大气中的其他成分混合在一起，会形成悬浮颗粒。

　　不同的污染物带来不同的影响。一氧化碳是非常难以侦测到的有毒气体。硫化物和氮氧化合物会刺激肺部，引起各种呼吸问题。空气中的悬浮颗粒还可能引起"全球变暗"的状况以及引起其他人类健康问题。

▲ 工业和工厂排放的污染物对健康构成严重威胁。

碳足迹

　　"碳足迹"是指某项服务或是产品在整个生命周期过程中，所释放的二氧化碳或其他温室气体的总量。全世界有许多组织和机构都在从事减少制造业或服务业引起的二氧化碳和甲烷排放量的工作。

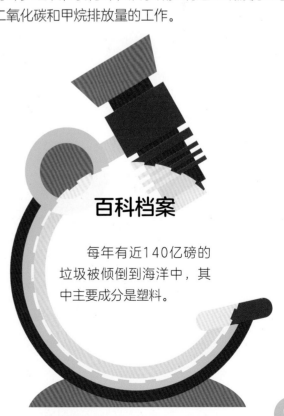

百科档案

　　每年有近140亿磅的垃圾被倾倒到海洋中，其中主要成分是塑料。

水处理和肥料

　　人类的生存依赖于水和食物。因此，饮用水和有助于提高作物产量的肥料在全世界范围内都是必不可少的资源。尽管当前我们有足够的淡水和农作物，但为了我们的子孙后代还有水和食物可用，谨慎使用、重复利用和不断创新是我们现在的必要举措。

饮用水

　　适合饮用的水应当不含微生物，仅含有低浓度的溶解盐。饮用水的生产需要可用的淡水资源以及相关净化技术。

　　并不是所有的湖泊、池塘或者河流中的水都适合饮用。生产饮用水的重要一步是鉴定一个安全的水源，将其流经滤床，然后利用紫外线、氯气和臭氧对其进行消毒。在淡水匮乏的地区，海水淡化是最好的选择。将原本会流入地下的雨水进行收集，也具有重要意义。

▲ 雨水收集是一种简单的收集水资源和防止水涝的方法。

▲ 污水排放前需要经过一系列不同的处理步骤。

废水处理

　　家庭、农田和工厂都会不断产生大量废水。这些废水含有化学物质、微生物和有机物，需要经过有效处理后才能进行排放。

　　生活污水和农业废水需要去除里面的有机物和微生物，工业废水需要去除有害的化学物质。一般来说，废水处理包含这些处理过程：

> 1. 筛分，除砂
> 2. 沉降和去除污泥
> 3. 污水厌氧消化
> 4. 污水好氧处理

肥料

农民使用肥料来提高作物产量和质量。虽然堆肥是一种很好的天然肥料，但是不可能在短时间内获得大面积农田所需的大量肥料。人工肥料或化肥解决了这个问题。它们可以批量生产，并且价格合理。

▲ 农民使用化肥来提高作物产量。

百科档案

海水淡化是通过蒸馏或反渗透实现的。由于这一过程需要消耗大量能源，使得淡化海水变得相当昂贵。

NPK复合肥

含有氮、磷和钾元素的肥料称为NPK复合肥。几十年来，这种肥料提高了农业生产率。氨是通过哈伯法或利用铵盐和硝酸制成的。氯化钾和硫酸钾等钾肥可直接开采用作肥料。开采的磷矿必须用硫酸、磷酸或硝酸进行处理，由此产生的磷酸盐用于农业施肥。

氨的制造

氨肥是常用的肥料之一。合成氨的常用方法是哈伯法。哈伯法使用原材料氮气和氢气，在450℃和200大气压下将净化气体通过铁催化剂来制造氨。氮气和氢气相互作用形成氨，将冷却后的液氨进行分离，剩余的氢气和氮气则回收利用。

▼ 工厂大规模生产氨，用作肥料。

金属和合金

　　金属是不透明且有光泽的固态元素。金属最重要的特征是它们能够导热和导电。在制造人们使用的多种物品和设备时，金属及合金发挥了重要作用。

金属的性质

　　金属通常硬度较大，密度较高，熔点和沸点也比较高。此外，金属还具有可塑性和延展性，也就是说，金属可以打成薄片或拉伸成金属丝。许多金属能与其他金属结合形成合金。

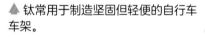
▲ 钛常用于制造坚固但轻便的自行车车架。

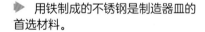
▶ 用铁制成的不锈钢是制造器皿的首选材料。

▲ 黄金因为不会褪色或生锈，常常用于装饰。

▲ 铜通常用于制造丝锥和电线。

金属的提取

　　地球上金属矿石的存量是有限的。金属矿石变得越来越稀缺，人们正在研究开发新的方式，试图从其他资源中提取金属。

　　植物冶金是一种利用植物某些吸收金属化合物的过程，将这些植物收割后烧成灰烬，从而提取金属。

　　生物浸取是另一种方式，利用细菌产生的溶液，提取传统法难以提炼的金属矿物。

　　电解是将金属化合物在电的作用下从溶液中置换单质金属元素出来的过程。

▲ 植物冶金是利用植物提取金属的一种独特方式。

▲ 由于暴露在水汽中，久而久之，铁管会生锈和退化。

腐蚀

　　金属腐蚀是金属元素与环境之间发生的化学反应。生锈是日常能观察到的最普遍的腐蚀反应。铁暴露在空气和水分中会发生腐蚀。发生腐蚀后，金属的使用功能就大大降低了。

　　防止金属腐蚀的常见方式是给金属表面涂上诸如釉、漆等保护层，或者采用电镀的方式，给金属表面镀上另一种抗腐蚀的金属。例如镀有锌的镀锌铁，外层的锌会发生腐蚀，但能保护内部的铁。

百科档案

　　金的纯度用克拉来衡量，一般用K来表示。24K金表示纯度为100%的黄金，而18K金所表示的黄金的含量为18/24，也就是75%，其余的25%为其他金属。

合金

　　合金是一种或多种金属的混合物。人们日常生活使用的许多东西都由合金制成。钢是一种铁与特定数量的碳和其他金属（如铬或镍）制成的合金。碳加入钢中可以提高钢的强度。高碳钢坚固但易碎，而低碳钢软度较好且易于成型。

　　青铜是铜和锡的合金。黄铜是铜和锌的合金。此外，青铜和黄铜都含有少量的其他元素，如铝、锰、硅、磷、砷或铅等。

▲ 镀锌金属耐腐蚀。

能量

　　能量，简单地说，就是做功的能力。能量无处不在，可以引起物理变化、化学反应、生物活动以及随处发生的运动。能量还有多种不同的呈现形式。测量能量的标准单位是焦耳。

能量系统

　　一个系统由一组物体组成。系统内发生任何改变，储存在一个或多个物体内的能量也会发生相应变化。热、力、电和功都可以引起系统的能量改变。

被球棒击中的球

水壶里沸腾的水

扔到空中的石头

能量类型

　　能量主要分为势能和动能。势能是物体储存的能量。动能是物体运动获得的能量。地上的石块看起来没有能量。然而，它含有储存的能量，称为"势能"。运动的物体具有动能，这是使其发生运动的外力带来的结果。

　　能量从一种形式转换为另一种形式的过程，一直推动并维持着地球上的生命活动，这种能量转换还将一直持续。植物和其他特定的有机体从太阳辐射中吸收能量，并以化学能的形式储存在食物之中。生物从这些食物中获得能量，用于活动所需。能量不能完整地从一个系统转移到另一个系统，总会产生热、光和其他形式的能量耗损。

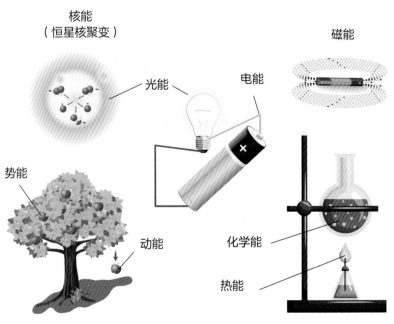

核能
（恒星核聚变）

磁能

光能

电能

势能

动能

化学能

热能

▲　能量有不同的形式，可以从一种形式转换成另一种形式。

在我们身边，可以观察到多种形式的能量。太阳是地球上光能和热能的来源。核能通过链式反应从原子核中产生。磁体中的能量是磁能，电气材料中的能量是电能。化学能储存在燃料、食物和电池中。振动的物体能产生声能。

能量守恒定律

能量既不会凭空产生，也不会凭空消失。它只会从一种形式转换为另一种形式，或者从一个物体转移到其他物体，而能量的总量保持不变。例如，温度较高的物体所具有的热量会转移到与之接触的温度较低的物体上。这种能量转移被称为传导。

▶ 能量从温度高的物体转移到温度低的物体的过程称为传导。

重力势能

顾名思义，地球的重力场对地球上所有物体存在引力，由此产生的势能称为重力势能。位于山顶的任何一块岩石或者其他物体都具有重力势能。这是因为，在某个时间点上，必须施加外力才能使岩石或物体达到该高度。

用于计算物体能量的简单公式：

$Ep = mgh$

m —— 物体质量

g —— 重力加速度

h —— 物体距离山脚的高度

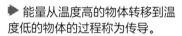

百科档案

主题公园里那些惊险刺激的游乐项目是根据重力势能转换为动能的原理设计的。

🔺 在过山车中，重力势能和动能不断地相互转换。

功率

能量转移的速率称为功率。功率可以描述做功的快慢。功率以瓦特为单位。能量每秒传递1焦耳即为功率1瓦特。

▲ 灯泡消耗的功率以瓦特为单位。

能源效率

无论一个系统中如何有效地存储能量，仍然会有一定数量的能量散失到大气中被浪费掉。因此，人们不断地推动创新以设计出能够最大限度利用储存能源的节能系统，由此可以减少浪费。

能源效率的计算公式如下：

$$能源效率 = \frac{有效输出能量}{总的输入能量}$$

能源

地球上可供人类使用的能源包括：煤和石油等化石燃料，生物质燃料，来自放射性元素的核能、来自流动水的水能，风能，来自海浪的潮汐能，来自太阳的太阳能，以及来自地球内部的地热能。从不同来源收集的能源可用于发电、取暖和运输。

◀ 太阳能电池板从太阳光中收集能量，用于取暖和为电器供电。

▲ 煤炭是一种化石燃料，可燃烧产生能量。

▼ 风能是一种可再生能源。

▲ 化石燃料储量正在迅速减少。

并非所有形式的能量都能得到补充。例如，化石燃料便是一种不可再生资源，储量有限。另一方面，太阳能是可再生的，因为太阳将会存在数十亿年。可再生能源是一个更好的选择，因为其中大多数（太阳能、风能和水能等）是清洁能源。

不同能源的效率

当前，许多能源正在迅速减少，世界各地的研究人员正试图找出能更好收集和储存能源的方式。在这一过程中，人们需要高度重视能源效率—— 一种能源或燃料以最小的损耗，将最大部分转换为能源，这非常重要。

将不同燃料和能源进行比较，风能的能源效率最高。就排放到大气中的二氧化碳水平而言，水能的污染最小。此外，燃烧化石燃料会造成污染，所以有必要用更好的资源来替代它们。

然而，并不是世界上所有地方都能收集风能来产生能量。因此，世界各地都应利用各自现有的物质资源和气候模式来生产能量。为了满足全世界不断增长的能源需求，需要通过更好的创新来降低成本，提高效率。

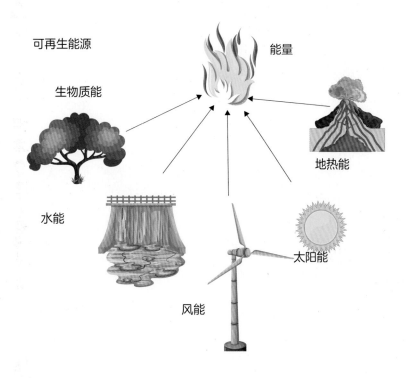

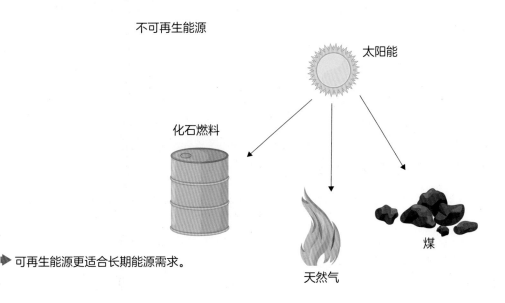

▶ 可再生能源更适合长期能源需求。

物质的性质

　　宇宙中的一切事物都由能量或物质组成。在地球上，物质主要以固体、液体和气体三种状态存在。等离子体和玻色-爱因斯坦凝聚态是另外两种在特定条件下形成的物质状态。

气体

固体

物质状态

　　固体由原子紧密排列而成，具有一定的形状。固体中的原子不能自由移动。液体没有特定的形状，因为液体中的原子排列得没有固体原子那么紧密。它呈现出的是储存它的容器的形状。气体中的原子相互之间几乎没有吸引力。如果你在空气中释放一种气体，它就会在大气中发生扩散。

状态的改变

　　某些固体、液体和气体的状态，在特定的条件下可以相互转换。一个典型的例子就是水。水加热后可以变成水蒸气（气体），冷却后，可以变成冰（固体）。物质和能量一样，既不能凭空产生也不能消失，但可以从一种状态转换为另一种状态。

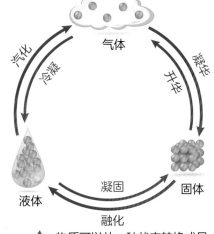

气体

汽化

冷凝

凝华

升华

液体

凝固

固体

融化

▲　物质可以从一种状态转换成另一种状态。

▲ 水加热后可从液体变为气体（蒸发），冷却时可从气体变为液体（液化）。

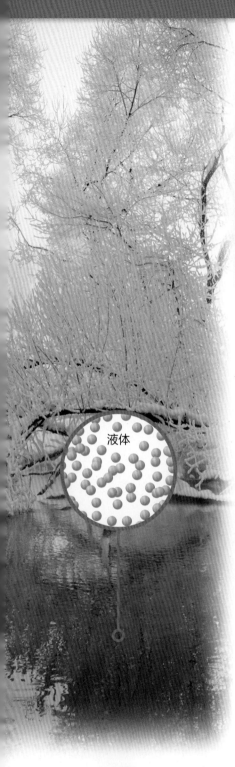

液体

物质的单位

简单地说，质量是指任何物体所含物质的量，通常认为质量和重量相同。然而，质量和重量之间其实是有不同之处的。重量是地球对具有特定质量的物质施加的引力。当你站在磅秤上或用天平称一个物体时，显示的数量不仅代表你的身体或物体的质量，还代表地球对你或物体施加的引力大小。

▲ 在称重天平中测算的物体重量代表物体的质量和作用在它身上的地球引力。

体积是固体、液体或气体在一个密闭容器内占据的空间。密度通过单位体积内的质量来计算。

内能和外功

系统内部所有物质蕴含的能量总和称为内能。它是组成物质的原子和分子的势能和动能之和。

温度和压力会影响系统的能量，甚至能改变系统的状态。比潜热是一个术语，它定义了在不改变温度的情况下，改变1千克物质的状态所需要的能量。

各种因素对物质状态的影响程度根据物质的质量、物理性质和系统中的能量总和而有所不同。压力对气体的影响最为明显。储存在容器中的气体可以根据所施加的压力大小而发生膨胀或收缩。

百科档案

在升华过程中，樟脑和萘可以直接从固体转换为气体。

▲ 在一定压力下储存在钢瓶中的气体也称为压缩气体。

电

电是一种通过质子和电子等带电粒子运动产生的能量。电的类型有两种：电荷积累产生的静电和电子流动产生的电流。

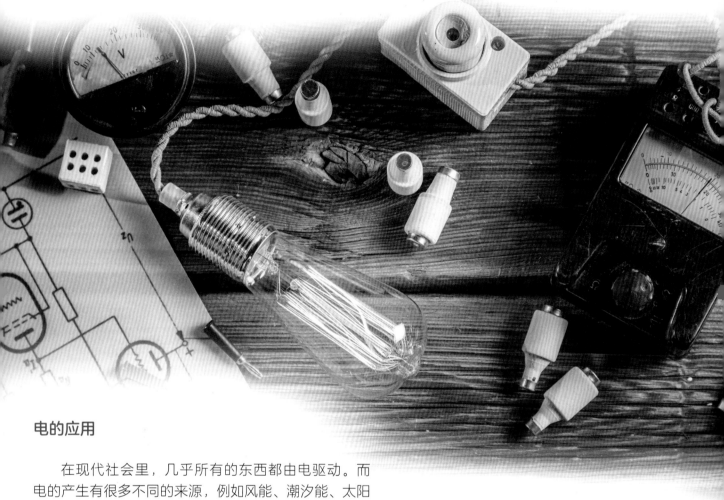

电的应用

在现代社会里，几乎所有的东西都由电驱动。而电的产生有很多不同的来源，例如风能、潮汐能、太阳能、化石燃料的热能和核能等。

能够导电的材料被称为导体，不能导电的材料则称为绝缘体。半导体是一种介于导体与绝缘体之间的材料，它可以通过施加外部影响加以控制。在电子领域，这些材料都是电路中的一部分，发挥着至关重要的作用。

电器可以由城市电网的发电厂直接供电，也可以由电池供电。

电荷和电流

物质是由带电荷的电子和原子核组成的原子构成的。电子数大于质子数的物质带负电，反之则带正电。

质子被束缚在原子核内，它们不能像电子一样自由移动。因此，物质带负电荷或正电荷的主要原因，是电子过多或不足。电荷的计量单位是库仑，以法国物理学家库仑的名字命名。他提出了关于电荷最著名的定律之一：同性电荷相斥；异性电荷相吸。

电荷的流动称为电流。电流也可以定义为穿过导电材料原子的电子流。

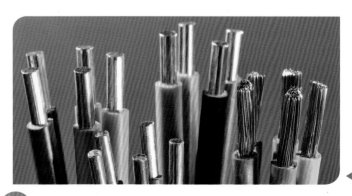

◀ 铜具有优良的导电性，常用于制作电线。

静电

在局部区域内电子过剩或不足会产生静电。静电与电流不同，电流是由于电子的运动而产生。静电由两种材料之间的直接接触或摩擦引起，并可能导致不同的可见现象，如产生火花、吸引力、排斥或电击等。像范德格拉夫起电机这样的装置可以产生大量的静电。

▲ 触摸范德格拉夫起电机会让头发竖起来。

电流

电流由导电介质中的电子流产生。电池和太阳能电池产生稳定的电子流，称为直流电。电线以交流电的形式传输电力。

▲ 太阳能电池和普通电池都是以直流电的形式供电。

电流运输

电器能够正常工作是因为构成电路的电线内部有电子流动。电线由铜等金属制成，它们具有松散的电子，可以在原子之间移动。事实上，电源关闭后，电子会在原子之间随意地跃迁。

当电器连接电池时，电子以电子流的形式从负极稳定地流向正极。这就是直流电。

当设备插入电源插座时，仍然有电子在流动，但与直流电有所不同。连接插座时，电子不是从一端稳定地流到另一端，而是先向前移动，然后反向移动，然后在重复循环中再次向前移动。这种类型的电流称为交流电。

直流电无法进行无损耗的，有效长距离传输。因此，通常电线以交流电的形式来传输电力。电线中的电流先朝一个方向移动一小段距离，然后反向移动。一秒钟内，电流方向交替变化50～60次。

百科档案

笔记本电脑需要直流电，因此须配备电源适配器，通过连接插座，将交流电转换成直流电。

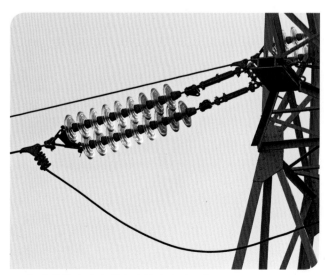

▲ 电线将交流电从发电站传输到千家万户。

电阻和电导

电阻是表示导电材料对电流阻碍作用的物理量。例如，一根细管子只能让一小股水流出，而一根大管子能让更多的水流出。在这个例子中，细管比大管的阻力大。类似地，限制电子流的细导线比粗导线的电阻更大。电阻大的材料会导致电能以热量的形式消耗。

电导与电阻相反，它是指材料易于导电的特性。

电势差

电势是电场中某点的电荷所具有的电势能与其电荷量的比值。电势差也称为电压，是两点之间的电位差。电流从电路的一端流向另一端，正是因为两端之间存在电压。在20伏的电池中，负极的电压为零，而正极的电压为20伏。把正负极连接起来就可以形成电路。

电流总是从电压较高的区域流向电压较低的区域。我们可以通过一个充满气体的气球来理解类似原理。气球内部的气体由于局限在狭小的空间里，因此气压较高。而气球外面的空间广阔，因而气压较低。所以，当松开气球时，气体会从气压较高的区域释放到气压较低的区域。类似地，电流会从正极（20伏）流向负极（0伏）。在电路中放置一个元件，比如一个LED灯泡，电流会使其发光。

通过一个元件的电流大小取决于电阻和电压。可由以下公式计算：

$U = IR$
U —— 电势差或电压
I —— 电流
R —— 电阻

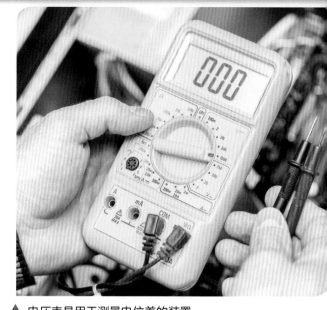

▲ 电压表是用于测量电位差的装置。

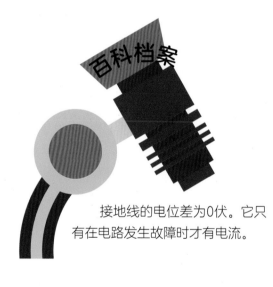

百科档案

接地线的电位差为0伏。它只有在电路发生故障时才有电流。

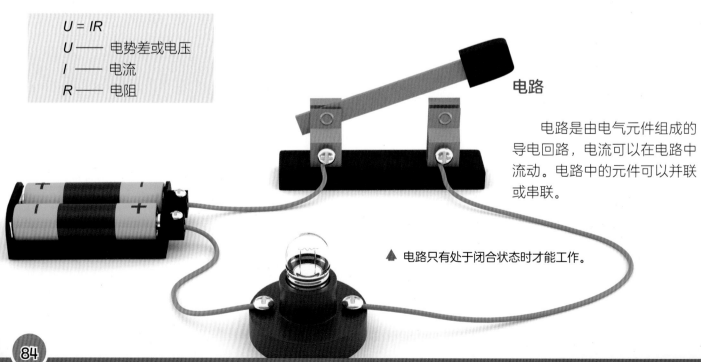

电路

电路是由电气元件组成的导电回路，电流可以在电路中流动。电路中的元件可以并联或串联。

▲ 电路只有处于闭合状态时才能工作。

在串联电路中，通过每个元件的电流相同，电路中的总电压由各元件分担。

在并联电路中，各元件之间的电压相同，通过整个电路的总电流是通过各个元件的电流之和。

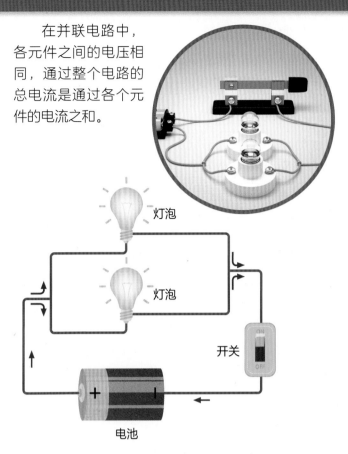

灯泡

灯泡

灯泡

开关

开关

电池

电池

▲ 电器通过电线连接到电源插座来用电或充电。

家用电源

家用的电源主要为交流电，电压为220V。电器通过可插入电源插座的三芯电缆连接到主电源。

电线的外部由塑料或橡胶等绝缘材料包裹。每种电线的绝缘层都用不同颜色做标记，便于识别。火线的绝缘层为棕色，零线的为蓝色，接地线的为黄绿相间。火线输送主电源中的交流电。零线使电路完整。接地线用于保障电器的安全性。万一供电出现故障，接地线为电流提供了一条安全的回路。在没有接地线的情况下，人在接触电器时可能会受到严重的电击。

电网

电网是连接全国各地的发电站和变电站的高压输电网络系统。发电站配有变压器和电缆，负责将电力从发电站输送到家庭、工厂和其他建筑中。变压器用于增加或降低发电站通过电缆传输的电压。

▶ 发电站和变电站将电力输送到家庭和工厂。

核辐射

原子核是由被电子云包围的质子和中子组成的。整个原子的质量几乎都集中在原子核中。某些重原子的原子核不稳定，它们通过发射辐射来维持稳定。这个过程称为放射性衰变。

放射性

通常，原子中的电子发生相互作用，产生不同的反应，才形成分子。原子质量较小的原子，其原子核相对较稳定。原子核的稳定性由原子核中质子和中子的数量决定。重原子的原子核中含有许多质子和中子。由于所有的质子都带正电，原子核不具有足够的能力将质子和中子聚集在如此小的空间里。

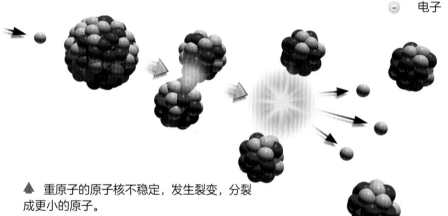

▲ 重原子的原子核不稳定，发生裂变，分裂成更小的原子。

⊕ 质子
● 中子
⊝ 电子

原子核

▲ 虽然原子核很小，但原子的全部质量几乎都集中在这里。

不稳定的原子核通常有多余的质子和中子，并通过失去它们达到稳定状态。通过发射电离辐射（如 α 射线，β 射线，γ 射线），原子核发生衰变，这被称为放射性。原子核的放射性是以不稳定核衰变的速率来测定的。

电离辐射

不稳定的原子核发生衰变时，发出的射线有以下三种：α 射线（α 粒子）或 β 射线（β 粒子），或 γ 射线（γ 粒子）。

α 粒子：每个 α 粒子由两个中子和两个质子组成，类似于氦原子的原子核。

β 粒子：当中子变成质子时，β 粒子由原子核发射的高速电子组成。

γ 射线：与 α 粒子和 β 粒子不同，γ 射线仅仅是原子核为了维持稳定而释放的能量。γ 射线的释放几乎总是伴随着 α 粒子或 β 粒子的发射。

任何电离辐射的发射都会改变原子核的结构，从而改变元素的物理和化学性质。这种现象称为物质的衰变。

▼ α 粒子、β 粒子、X 射线、γ 射线和中子的穿透能力的比较。

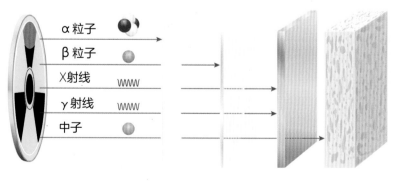

α 粒子
β 粒子
X 射线
γ 射线
中子

纸　　铝板　　铅板　　水泥板

放射性衰变可用原子核方程表示。从原子核发出的不同类型的辐射会对原子自身产生不同的影响。α粒子衰变导致原子核的质量和电荷发生变化，即质量和电荷都减少。β粒子衰变不影响原子核的质量，但会增加原子核的电荷数。γ射线的发射不会改变原子核的电荷或质量。

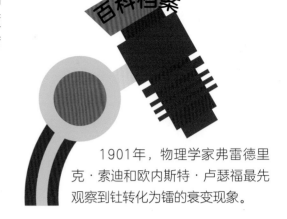

百科档案

1901年，物理学家弗雷德里克·索迪和欧内斯特·卢瑟福最先观察到钍转化为镭的衰变现象。

▲ 放射性同位素储存在带有特制警示标签的容器内。

放射性元素的半衰期

放射性元素是够能发生放射性衰变的元素。放射性元素同位素的半衰期是样品中原子一半数量衰变所需的时间。

以钡-139为例，它的半衰期为86分钟。如果你有100克的钡-139，86分钟后，有50克会发生衰变并转化成另一种元素。再过86分钟，你会发现原始样品只剩下25克。这一过程会持续不断地进行，直到几乎所有的钡-139原子都衰变并转化为另一种元素。

不同的放射性同位素有不同的半衰期。钋-215的半衰期非常短，只有0.0018秒左右，因此非常不稳定。而铀-238的半衰期为45亿年。放射性同位素需要储存在有特定标注符号的容器中，提醒人们必须小心处理。

放射性碳定年法使用的是碳的一种特殊同位素——碳-14，其半衰期为5730年。这一方法有助于测定4万年以下的古代手工艺品和化石的年代。对于测定更为古老的样品年代，则使用铀同位素（半衰期较长）。

◀ 放射性碳定年法是放射性同位素的用途之一。

核裂变与核聚变

　　核裂变是由于重原子（如铀）的原子核太大且不稳定，于是其原子核发生分裂变为小原子核的过程。当一个不稳定的原子核吸收一个中子后，就会发生核裂变。一般而言，核裂变自发发生的现象非常罕见。发生裂变的原子核会分裂成两个大小大致相等的原子核，并释放出大约两到三个中子和γ射线。核裂变过程还会释放大量能量。

　　由于裂变反应的产物具有动能，因此中子通常会引发链式反应。这种链式反应可以通过人为控制在核反应堆内发生，以获取用于发电的能量。核裂变链式反应如果不受控制会引起巨大的爆炸和大规模的破坏，就像核武器一样。

　　与核裂变相反，核聚变是两个较轻的原子核融合形成重原子核的过程。在这个过程中，原子的质量转换为能量和辐射。在太阳内部就不断地发生着核聚变。

　　太阳产生的大部分能量都是氢原子核不断聚变成氦的结果。太阳内部每秒钟约有6.2亿吨的氢转化为氦。

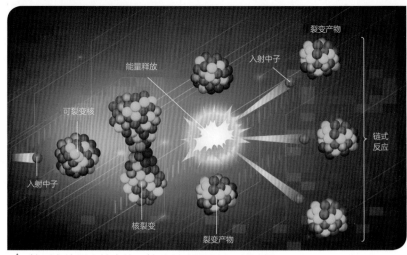

▲ 核裂变使质量较大的重核分裂成质量较小的轻核。

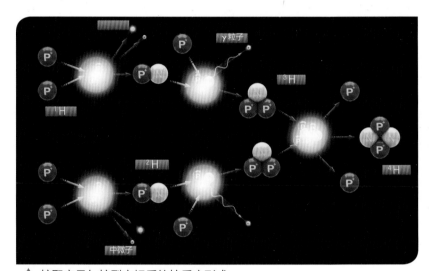

▲ 核聚变是与核裂变相反的核反应形式。

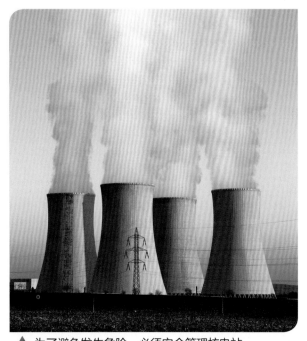

▲ 为了避免发生危险，必须安全管理核电站。

核反应堆

　　核电站由一个或多个核反应堆组成。这些反应堆利用铀和钚等重原子的裂变来产生核能，将水转换为蒸汽，产生的蒸汽进一步用于驱动涡轮机发电。

　　核能发电有利有弊。它不会造成空气污染，而且比许多其他燃料更节能。

　　然而，为了安全处理放射性物质，必须建造许多安全设施，这使得建造一座核电站非常昂贵。核电站的任何事故都有可能造成大规模破坏，危及生命。1986年，发生在苏联切尔诺贝利的核电站事故是历史上最严重的核灾难之一。

本底辐射

　　人类被天然的本底辐射所包围。然而，来自外太空的宇宙射线和人造核辐射源（如来自武器和反应堆事故）可以对活体组织造成物理伤害。辐射的破坏程度和风险大小取决于辐射的剂量。辐射的测量单位是西弗特。

◀　地球被宇宙辐射包围着，但磁场和大气层可以保护地球。

放射性污染和危害

　　由于放射性元素会释放电离辐射，因此与放射性元素近距离接触是危险的。将物体暴露在核辐射下的过程称为辐照。通常，人类身体可以耐受约0.15～0.5西弗特的辐射，而不会造成任何严重的有害影响。

　　处理核反应堆所产生的放射性废物时，需要非常小心和谨慎。

▲　放射性废物需要使用特殊的容器进行储存和处理。

放射性材料的储存

　　放射性同位素以及核反应堆的废料必须储存在合适的容器中。通常，人们选择用铅来制作储存放射性材料的容器。铅能防辐射主要是因为它的密度较高。有时，带混凝土外壳的钢制容器也可替代铅制容器。为了增加安全性，这些放射性材料储存在上锁或限制出入的房间或空间中的容器，将放射性标志展示在显眼处，以警告人们不要触碰该容器。

▲　盖革计数器用于检测放射性物质的辐射强度。

　　盖革计数器是一种用于探测和测量放射性物质辐射强度的装置。在相关实验室工作的人员通常使用这种设备来测量和评估辐射强度，以此来制定安全预防措施。

　　目前处理放射性废物的最佳方法是将其置于特制的容器中并埋入地下深处。这一方法称为地质处置法，其目的是确保放射性废物不污染地下水或土壤。

力

　　力是物体之间的相互作用，如推动或拉动物体，当没有其他任何事物阻挡时，力可以使物体改变运动状态或发生形变。在制造机器和建设大型工程时，工程师们会分析力的相互影响并进行相应的设计。

▲ 足球运动员踢球时所施加的力是一种接触力。

接触力和非接触力

　　物体之间所有的力分为接触力和非接触力。接触力产生时，在物理上与物体发生接触，而非接触力产生时在物理上与物体是分离的。人们在生活中可以观察到许多不同种类的力。

　　接触力包括摩擦力、空气阻力和张力。地球引力和静电力都属于非接触力。

▲ 重力是一种非接触力，将一切物体拉向地面。

重力

　　物体的重量是作用在物体上的重力大小。引力来源于地球表面附近的重力场。一个物体的重量取决于相对该物体位置的重力场强度。一个物体的重量与它的质量成正比。

　　重量用以下公式进行计算：

$$W = mg$$

W —— 重量
m —— 物体的质量
g —— 重力场加速度

力的类型

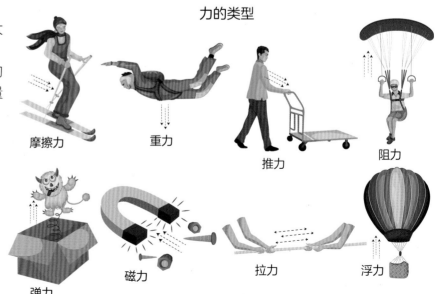

摩擦力　　重力　　推力　　阻力

弹力　　磁力　　拉力　　浮力

合力

一个物体可以同时受到许多力的作用。如果一个力的作用效果与其他所有力作用的总效果相同，那么这个力就称为合力。合力相当于许多作用在一起的力。另一方面，当所有力相互抵消时，合力为零。

做功和力矩

当一个力作用在物体上，并使物体在力的方向上通过一段距离，便可以说这个力对物体做了功。

功 = 力 x 物体移动的距离
$W = Fs$
W —— 功
F —— 力
s —— 物体移动的距离

功的单位是焦耳。当1牛顿的力作用在一个物体上，使它位移1米的距离，这个力就做了1焦耳的功。

有时，一个力或一组力可能使物体发生旋转而不是移动。力的旋转作用称为力矩。

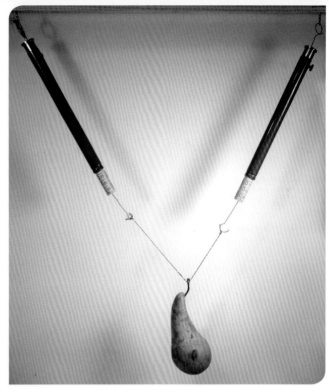

▲ 当两个或两个以上的力作用在一个物体上时，它们相互抵消或相加。

◀ 做功是能量由一种形式转换为另一种形式的过程。

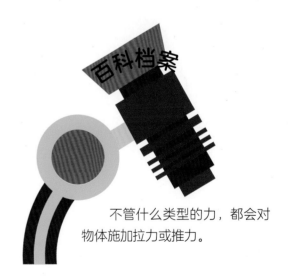

百科档案

不管什么类型的力，都会对物体施加拉力或推力。

大气压力

随着海拔的升高，大气层每一层的空气密度会逐次降低，因为大气层里空气分子的数量随高度的增加而减少。大气中整个气体所施加的力称为大气压力或大气压，可以用气压计来测量。

◀ 气压计用于测量大气压力。

运动

仔细观察周围，你会发现你所看到的大多数物体都处于运动状态。尽管我们感觉不到，但地球正以难以置信的速度绕着太阳运动。运动是宇宙中一种非常重要的现象。运动是各种不同的力共同作用产生的结果。

运动的类型

运动可分为简单运动和复杂运动。简单运动包括物体沿直线运动，或以恒定的速度来回摆动。

一些常见的运动包括：

直线运动：物体沿直线的运动称为直线运动，这是最基本的运动类型之一。一个移动的物体，当不受任何外力作用时，将继续以恒定速度沿直线移动。

▲ 保龄球的运动是一种线性运动。

▲ 在做旋转运动的摩天轮。

随机运动：任何不容易预测、不固定或无规律的物体运动都称为随机运动。

圆周运动：物体以某点为圆心，做圆周轨迹的运动，就是圆周运动。行星绕太阳旋转的运动是一种典型的圆周运动。

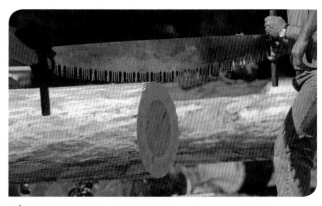

▲ 锯子的运动是一种往复运动。

往复运动：物体来回有节奏的运动称为往复运动，例如锯子锯木头。

振荡：物体从中心位置的一端移动到另一端，然后再回到中心位置，并继续向前的运动称为振荡。钟摆做的就是振荡运动。

▲ 这个装置称为牛顿摆，表现的是振荡运动特点。

测量运动

移动距离就是物体发生的位移。位移表示沿测量方向从一点到另一点的直线移动距离。速度表示物体运动的快慢。没有物体能以恒定的速度运动，物体的速度总是不断变化。

一个人的运动速度取决于地形、健康水平、年龄等因素。不同的运动方式，以不同的速度进行。通常，一个人步行每秒走1.5米，跑步每秒3米，骑车每秒行驶6米。

风或声音，它们的速度也不是恒定的。声音在空气中的速度跟在水中的速度不同。

速度可用以下公式计算：

$$速度 = \frac{移动的距离}{所花的时间}$$

速度是物体在特定方向上运动快慢的度量。速度的变化率称为加速度。

这辆车以每秒20米的速率行驶

速率是一个标量，表示物体运动的快慢

这辆车以每秒20米的速度向东行驶

速度是一个矢量，是指物体在某一方向上运动的快慢

百科档案

所有的星系，包括银河系，都在以惊人的速度互相远离。

◀ 速度的含义既包含物体运动的快慢，也包含运动方向。

重力与运动

在靠近地球表面的地方，任何自由下落的物体都受到地球引力的影响，其加速度为9.8米/秒^2。如果一个物体在液体中下落，首先它会由于重力的作用而加速，然后由于液体的浮力作用而使其加速度逐渐减小，因为浮力的作用方向向上，与重力方向相反。

▶ 重力作用在物体上，并把它们拉向地球。

牛顿定律

　　牛顿是历史上最有影响力的科学家之一，在帮助人类理解重力和行星运动做出了重大贡献。他提出了三大定律来描述质量和运动之间的关系。

牛顿运动定律

　　牛顿提出的三大运动定律，构成了研究宇宙中物体运动的力学基础。这些定律用于预测和描述物体和力之间的关系，以及物体的运动是如何受到这些力的影响的。

　　1687年，牛顿在其出版的《自然哲学的数学原理》一书中首次提出这些定律。两个多世纪以来，人们一直在观察牛顿定律，并不断用实验来进行验证。

▲　牛顿是世界上最有影响力的物理学家之一。

牛顿第一定律

　　"任何物体都要保持匀速直线运动或静止状态，直到外力迫使它改变运动状态为止。"

　　物体在静止或运动时保持不变的趋势称为惯性。只有当一个或多个力作用在物体上时，惯性状态才会受到影响。如果有多个力作用在一个物体上，而这些力能够相互抵消，这个物体也可以继续保持惯性状态。

牛顿第一定律

静止的物体保持静止。

受平衡力作用的物体保持静止。

受不平衡力作用的物体会改变运动速率和方向。

静止的物体保持静止。

受不平衡力作用的物体会改变运动速率和方向。

运动中的物体保持运动状态。

受不平衡力作用的物体会改变运动速率和方向。

　　有时候宇航员会前往国际空间站进行维修或例行维护。他们可以在空间中将工具放在旁边，工具不会掉落或移动。这是因为没有改变其静止状态的力作用在它们身上。同样，如果工具被推开，它将持续移动，除非有外力使其停止。

牛顿第二定律

　　"物体加速度的大小跟作用力成正比，跟物体的质量成反比，且与物体质量的倒数成正比，加速度的方向跟作用力的方向相同。"也就是说，物体的加速度是作用于它身上的力所产生的效果。加速度与物体的质量成反比。物体质量越大，加速其所需的力就越大。

　　牛顿第二定律通过数学公式给出了力、加速度和质量之间的关系：

合力 = 质量 x 加速度

牛顿运动定律不适用于原子等微观物体。

牛顿第二定律

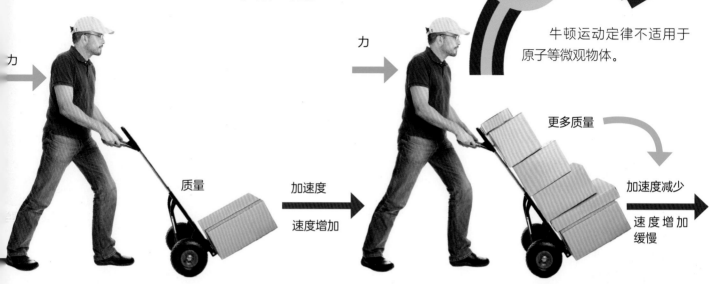

力　　　　质量　　　加速度　速度增加

力　　　更多质量　加速度减少　速度增加缓慢

牛顿第三定律

　　"相互作用的两个物体之间的作用力和反作用力总是大小相等，方向相反，作用在同一条直线上。"

　　在相互作用中，力会成对地作用于两个物体上。作用在第一个物体上的力的大小与第二个物体上反方向的力的大小相等。根据这个定律，所有的力都会成对出现。

　　准备发射到太空的火箭利用其强大的引擎推动地面。地面向火箭施加一个大小相等、方向相反的力，向上推动火箭离开地面。

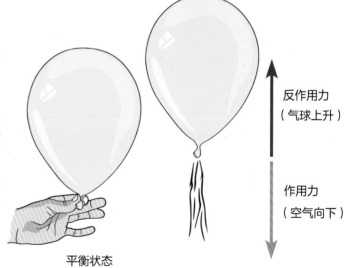

反作用力
（气球上升）

作用力
（空气向下）

平衡状态

反作用力
（墙对手指的力）

作用力
（手指对墙的力）

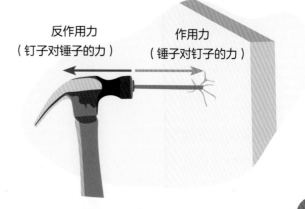

反作用力
（钉子对锤子的力）

作用力
（锤子对钉子的力）

行驶中的物理学

所有运动中的物体，如车辆，都遵循着各种物理定律。汽车的行驶涉及许多因素：重力、摩擦、惯性、势能和动能等。这些因素决定了车辆的移动方式以及车辆与周围物体的相互作用。

上坡和下坡行驶

行驶中的车辆受到两个主要作用力，重力和牵引力。重力是将一切物体拉向地球的力。摩擦力是两种物质相互滑动时阻碍运动的力。

摩擦力来源于路面和汽车压在轮胎上的重量之间的摩擦。正是由于路面和轮胎之间的这种相互作用，驾驶员才能控制汽车的行进。

重力可以帮助或阻碍车辆行进，区别在于它是上坡还是下坡。当驾驶员驾驶汽车上坡时，重力起反作用，因为重力的自然倾向是将汽车向下拉向地球。在上坡行驶时，驾驶员需要加速汽车来对抗重力。在下坡行驶时，重力对行驶车辆起到帮助作用而不是阻碍作用，因为重力将使车辆行驶得更快。

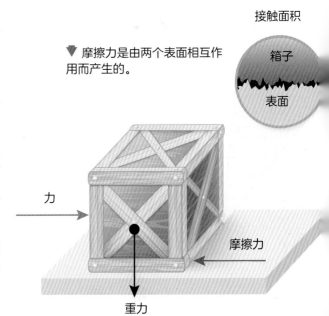

▼ 摩擦力是由两个表面相互作用而产生的。

接触面积

箱子

表面

力

摩擦力

重力

刹车

　　所有车辆都是为加速而设计的。因此，对于车辆来说，配备制动装置非常重要，这个装置通过逐渐降低车辆的速度，使其停止移动。制动装置利用车轮和另一个物体之间的摩擦使行驶中的车辆减速，降低车辆的动能。

　　车辆的速度越大，使其停止所需的制动力就越大。反过来，制动力越大，减速效果越明显。突然的大幅减速会导致刹车过热，甚至失去控制。

　　驾驶员的反应时间是对特定情况做出反应所用的时间。这是一个可变因素，反应时间因人而异。此外，其他因素也会影响人的反应时间。

　　车辆的停止距离指的是车辆在驾驶员反应时间内行驶的距离和制动后行驶的距离之和，也称为制动距离。

车辆的势能和动量

　　当自行车在山顶上时，由于重力的作用，它具有一定的势能，其储存的势能在下坡时一部分转换为动能。

　　车辆移动时所受的力叫做动量。车辆的动量取决于其质量和速度。当司机将车速从10千米/小时增加到20千米/小时时，车辆的动量就会增加一倍。

▲ 刹车使行驶中的车辆减速。

▲ 快速行驶的车辆需要较大的制动力才能停下。

 当人骑车上坡和下坡时，势能和动能会相互转换。

势能增加

势能

势能减少

动能

动能

百科档案

早期的汽车时速最高为16千米/小时。如今最快的汽车时速可达435千米/小时！

97

磁性

自古以来，人们就知道磁性的存在。能够吸引铁质物体的磁石广泛应用于航海，因为它们总是指向北方。

磁性原理

最初，磁畴理论用于解释磁性。根据该理论，磁性强的物质具有称为磁畴的小区域。当磁畴随机排列时，物体没有磁性。然而，当磁畴按同一方向排列时，产生的总效果会形成磁场。

随着人们对原子及其构成有了更深的了解，科学家们确定了磁性来源于电子的快速旋转。由于电子带有电荷，电子做旋转运动形成了磁场。一种材料中所有电子产生的磁场总和使得这一材料具有了磁性。

▲ 在古代，磁石用于航海。

▲ 铁磁材料用于制作磁体。

磁性类型

地球上的任何物体或材料都有可能表现出以下三种磁性中的一种：铁磁性、顺磁性和抗磁性。

铁磁性：被认为是磁性最强的形式，意思是"像铁一样具有磁性"。铁磁性主要由铁和稀土等元素表现出来。当这些元素靠近磁场时，它们就会被磁化。即使磁场消除以后，它们仍然具有磁性。加热或敲击铁磁材料会使其失去部分或全部磁性。

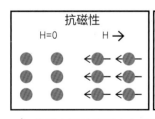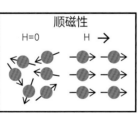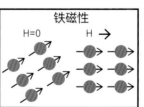

▲ 旋转电子的排列方向产生不同类型的磁性。

顺磁性：这是一种弱磁性，由某些金属如金、铜和铝等表现出来。将顺磁材料悬挂在绳子上时，其方向与地球磁场平行。顺磁性非常弱，几乎无法观测。和铁磁性一样，顺磁性在加热时会减弱。

抗磁性：非金属和大多数其他材料都具有抗磁性。抗磁材料排斥磁场。在原子层面上，抗磁性是一些物质的原子中电子磁矩互相抵消，导致合磁矩为零。当抗磁材料进入磁场时，其排列方向与磁场方向相反。热解碳是一种抗磁性很强的材料，被钕磁铁排斥。

▲ 强抗磁材料被强磁铁排斥。

磁场

磁场是磁体周围磁性最强的空间。一般来说，磁性在磁极附近最强。两块磁铁相互接触时，会产生磁力作用，有可能是相互吸引，也有可能是相互排斥。磁力是一种非接触力。

▲ 两块磁铁可以相互吸引，也可以相互排斥。

百科档案

磁铁是笔记本电脑和台式电脑的重要组成部分。

▲ 铁屑可以用来显示磁力线。

永磁体是能够长期保持磁性的磁体。感应磁体是放置在磁场内成为磁体的磁性材料。当远离磁场的影响时，磁性材料会失去全部或大部分磁性。磁力线从N极发出，在S极汇聚，并在磁体内部重新连接。磁力线永不相交。

当磁铁在铁或镍等磁性材料上摩擦时，会使材料磁化。磁铁加热后会失去磁性。

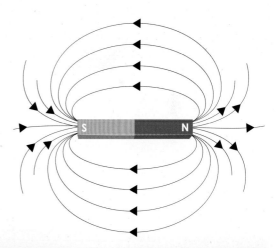

北极光和南极光

北极光可以在阿拉斯加和冰岛观测到，南极光可以在新西兰、塔斯马尼亚和南极洲可以观测到。

当太阳风中的高电荷电子与地球磁力线相互作用时，便会出现这种现象。当电子进入地球大气层时，它们与大气中的氮气和氧气发生反应。而光的颜色取决于和电子发生反应的是哪种气体。

▲ 北极光是一种色彩斑斓的光学现象，由地球磁场引起。

磁体的性质

　　任何能产生磁场的物质都称为磁体。磁体的独特性质有助于人们理解磁性现象，而且磁体在许多领域都有应用。

磁体的性质

　　天然磁体有两个磁极，即N极和S极。无论磁体被切割或分割成多少段，每一段都有两个磁极。和电荷一样，同性磁极相互排斥，异性磁极相互吸引。因此，N极和S极相互吸引。即使是圆形磁体和盘式磁体也具有两个磁极，分布在磁体两侧或两端。

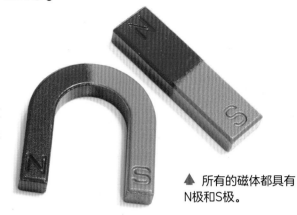

▲ 所有的磁体都具有 N极和S极。

▲ 威廉·吉尔伯特提出地球就像一个巨大的磁体。

地球：一个巨大的磁体

　　磁罗盘的组成部分主要包括一根由磁铁制成的细针，无论放置在何处，它总能自动指向地球北极。出现这种现象的原因是地球本身就像一块巨大的磁体。地球富含铁等磁性物质，因而使其具有磁性。

　　1600年，威廉·吉尔伯特最先提出地球像一个巨大的磁体。地球的磁场向太空延伸数千公里，称为磁层。它发挥着重要作用，保护人类免受来自宇宙的有害辐射和来自太阳的带电粒子的伤害。

▼ 地球的磁场向外太空延伸数千公里。

太阳系中的磁场

物体的磁场用特斯拉作计量单位。地球具有相当强大的重力场，但其磁场却非常微弱。相比之下，普通条形磁铁的磁场强度至少是地球磁场强度的100~1000倍。实验室制造的最强磁铁的磁场强度可达地球磁场强度的200万倍。

月球不具有磁性，因为月球上没有足够比例的磁性元素。太阳和木星、土星、天王星、海王星等较大行星的磁场更强。

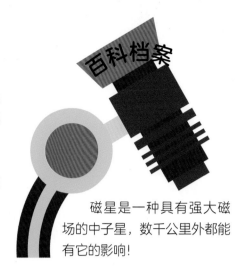

百科档案

磁星是一种具有强大磁场的中子星，数千公里外都能有它的影响！

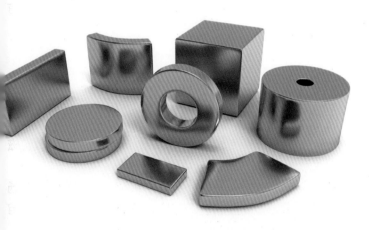

▲ 钕铁硼磁体。

磁体的类型

一些最强大的永磁体是由不同的磁性材料组合而成的。永磁体有四种类型：

钕铁硼磁体一般是钕、铁和硼的合金，具有体积小、结构紧凑的优点，但缺点是易脆，不耐腐蚀，因此需要涂上一层保护层。

钐钴磁体由钐和钴的合金制成。和钕铁硼磁体一样，它也具有非常强的磁性。此外，钐钴磁体还具有抗温和抗氧化的优势，因此非常耐用。然而，钐钴磁体非常昂贵，并且容易破碎。

铝镍钴磁体以其主要成分铝、镍和钴而命名。与稀土磁体不同，这类磁体容易退磁。

▲ 价廉且易得的陶瓷磁体。

陶瓷磁体也称为铁氧体磁体，由氧化铁和碳酸钡或碳酸锶制成。这类磁体磁性很强，价格便宜，易于生产，因此被广泛使用。

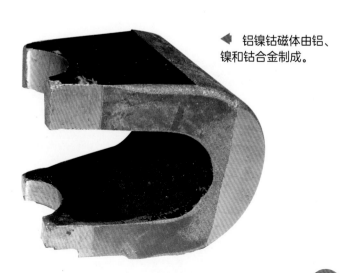

◀ 铝镍钴磁体由铝、镍和钴合金制成。

电磁

　　电和磁最初被认为是互不相关的不同现象。直到19世纪，人们提出了电和磁相互关联的可能性，并证实了这一说法。"电磁"一词指的是电场和磁场的相互作用。

电磁现象的观察

　　1820年，丹麦物理学家汉斯·奥斯特非常偶然地发现了电磁现象。在打开和关闭电池时，他注意到放在附近的磁针发生了偏转。这使他认识到磁场从载流导线中发出并向各个方向辐射。

▲ 汉斯·奥斯特发现电和磁相互关联。

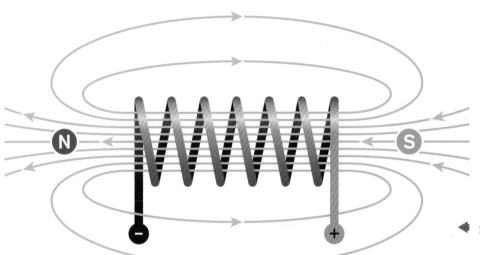

◀ 线圈周围的电磁场分布图。

电磁铁

　　铁、镍或钴等天然的磁性物质可以制作成电磁铁，方法是用线圈紧紧地缠绕它们，并将导线的两端连接到电池上。这种电磁铁会暂时获得磁性，只要通电，便可保持其磁性。线圈越多，磁效应越强。

电磁铁与永磁体

　　永磁体有固定的N极和S极，它们的方向不会发生改变。而电磁铁的N极和S极可以发生改变。有需要时，通过改变线圈中的电流方向即可变换电磁铁的N极和S极。

　　工业用的电磁铁非常强大，可以产生比永磁体更强的磁场。电磁铁最大的优点是可以通过改变流经线圈的电流大小或线圈的匝数来调整其磁力强度。

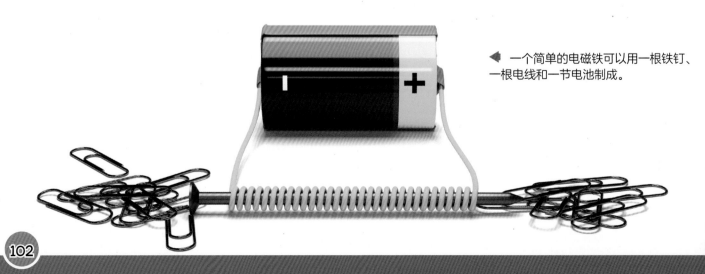

◀ 一个简单的电磁铁可以用一根铁钉、一根电线和一节电池制成。

电磁铁原理

在导线内部，电子的流动形成磁场。磁力线的方向总是垂直于电流方向。电磁铁产生的磁场力有时也称为磁动势，其强度由线圈的匝数和通过电磁铁的电流大小决定。

当携带电流时，作为磁铁的圆柱形线圈称为螺线管。螺线管由于其线圈和形状可以获得良好的磁场强度。在螺线管内产生的磁场强度是均匀的。

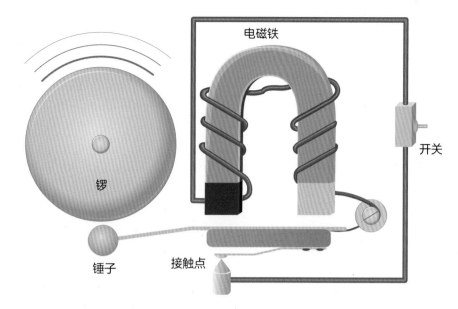

锣

电磁铁

开关

锤子　　接触点

▲ 电铃是一种利用电磁铁原理工作的装置。

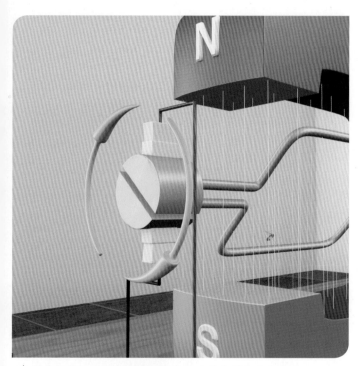

N

S

▲ 发电机效应表明在固定磁场中移动的电线会产生电流。

发电机效应

和电流流经导线会产生磁场一样，导线在磁铁的磁场内运动也会产生电流，这称为发电机效应。磁铁和导线之间没有直接接触。电流由磁场感应而获得。

电磁感应

通过导体的磁场发生变化时，就会产生电动势，这个过程称为电磁感应。变压器、电动机和发电机等多种设备都是根据这一原理进行工作的。

百科档案

英国物理学家威廉·斯特金于1825年发明了第一个可用的电磁铁。

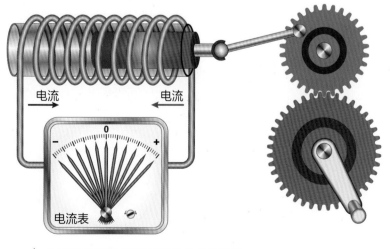

电流　　　　　电流

0

－　　　　　　＋

电流表

▲ 电磁感应需要固定的导体和变化的磁场。

电磁铁的应用

电磁铁有许多应用，如制造发电机、电动机、变压器、扬声器和大型起重设备等。它们被应用于工程和技术的各个领域，对于当今世界的发展有着不可或缺的作用。

电动机

电动机通常配有磁铁、转轴和电线。它的工作原理是，在磁场中由于载流线圈的作用产生旋转扭矩。电动机旋转的能量可以用来驱动多种电器，如食品处理器、水泵、吸尘器和风扇等。

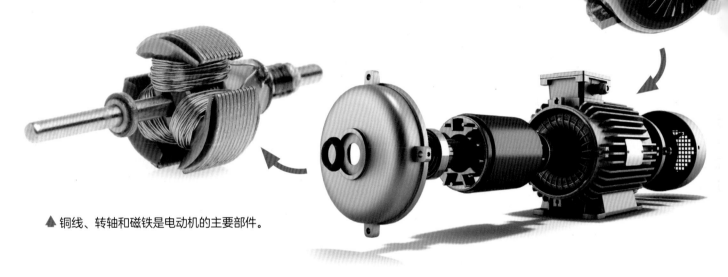

▲ 铜线、转轴和磁铁是电动机的主要部件。

电动机还应用于扬声器和麦克风。电动机将电路中的电流转换为声波的压力振动。麦克风的工作原理正好相反，它们根据发电机效应，将压力转换成电流。

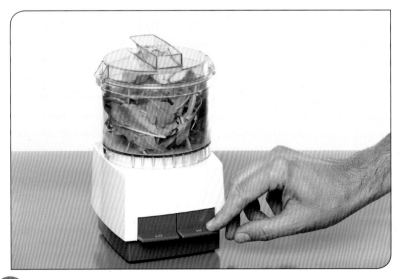

百科档案

全球生产的大多数电动机都用于为汽车提供动力。一辆汽车的电动机平均有30多个。

◄ 在食品加工机中，电动机为轴上的旋转叶片提供了动力。

电磁铁的其他用途

1.强力电磁铁应用于科学分析仪器，如光谱仪和粒子加速器。在粒子加速器中，电磁铁用于控制和聚集通过真空管的粒子束。

▲ 使用电磁铁的粒子加速器内部图。

▲ 磁悬浮列车可以实现普通列车无法达到的速度。

5.电磁铁是磁共振成像机等医疗成像设备的重要部件。磁共振成像仪的磁铁安装在病人进入的空心管中。它产生的磁场比地球磁场强得多。

2.磁悬浮列车根据磁悬浮原理工作。列车不是在普通轨道上行驶，而是利用列车底部的电磁铁和导轨电磁铁之间的排斥力而悬浮在空中。磁浮列车能够达到非常高的速度，原因是它不与导轨表面接触，这大大减少了摩擦阻力。

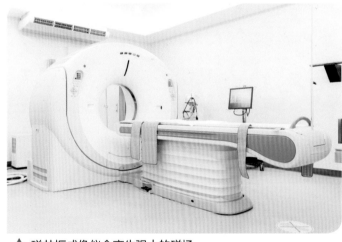

▲ 磁共振成像仪会产生强大的磁场。

6.电磁炉由装有电磁线圈的陶瓷板组成，并根据电磁感应原理，在磁场中产生热量。

▲ 磁选机通常使用电磁铁。

3.强力永磁体和电磁铁都可应用于磁选机。废品堆放场使用磁选机将金属与其他普通垃圾分离，进而回收利用。

4.电力变压器也利用了电磁感应原理，用来提高或降低由电线传输过来的电流电压。

▲ 电磁炉的工作原理是电磁感应现象。

波

任何有规律且反复出现的振动都称为波动。波由波长、频率和速度等特性来定义。波可以传递能量和信息。现代科技使我们不仅能更好地了解各种波，如电磁辐射，还能最大限度地利用它们。

横波和纵波

波有不同的形式。所有的波都有一些共同特征，以及一些区别于其他波的特征。通常，波分为两种：横波和纵波。横波和纵波根据其运动方向进行分类。

▲ 水中形成的涟漪是一种横波。

横波的传播方向与特定介质中粒子的运动相垂直。投掷石子后，池塘表面形成的波纹就是一种横波。波浪形成的方向与卵石下沉时的运动方向垂直。

纵波是一种与粒子运动方向平行的波。从说话人的嘴里传到听者耳朵里的声波就是一种纵波。

除了纵波和横波之外，还有沿海洋等大表面传播的表面波。表面波由做圆周运动的粒子组成。

除了方向，波还可以根据它们在真空中传递能量的能力分类。基于这个因素，机械波是指那些不能在真空中传递能量的波。声波是机械波的一种，不能在真空中传播，需要依靠媒介。由带电粒子振动产生的电磁波可以在真空中传递能量。

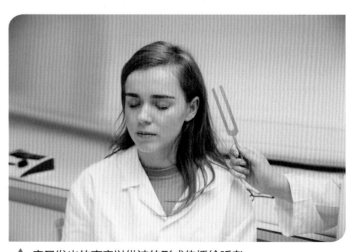

▲ 音叉发出的声音以纵波的形式传播给听者。

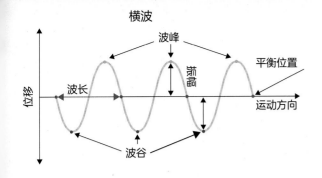

横波

波峰

位移

波长

振幅

平衡位置

运动方向

波谷

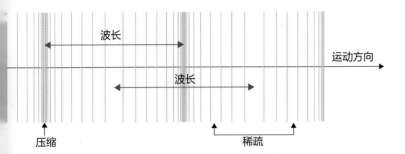

纵波

波长

波长

运动方向

压缩

稀疏

▲ 横波和纵波具有不同的特性。

波的性质

波的运动可以用振幅、频率和波长来描述。波的振幅是它偏离平衡位置的最大位移。波的频率根据每秒穿过某一参考点的波数来计算。波长是沿着波的传播方向，相邻两个波上相同位置之间的距离。波的速度是波穿过介质时传递能量的速度。波的最高点叫波峰，最低点叫波谷。波可以只朝一个方向振动，这个特性称为极化。只有横波才能发生极化。

百科档案

地震可以产生横波和纵波，它们可以穿过地球的固态圈层。

波遇到不同的介质、障碍物或接触到其他波时，会表现出不同的特性。

反射：波撞击像屏障一样的介质时，会返回到原来的介质中。

折射：波从一种介质进入另一种介质时，其传播方向会发生变化。

衍射：波在介质中传播，当它接触到障碍物或被迫穿过狭缝时，有时会发生弯曲。

吸收：当波与介质中的原子接触时，原子振动并从波中吸收能量。

散射：当光和声在传播路径上遇到微小粒子和分子时，它们会偏离传播路径，发生散射。

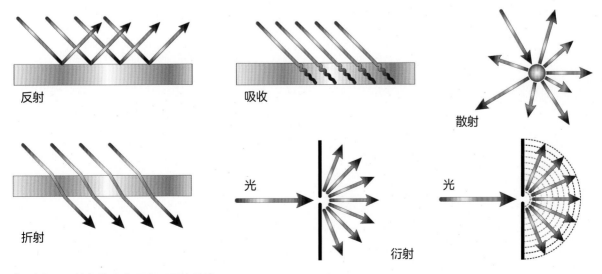

反射

吸收

散射

折射

光 衍射

光

▲ 波在不同的条件下表现出不同的特性。

电磁辐射

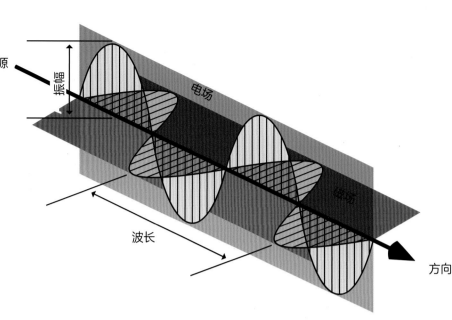

电磁辐射以波的形式存在，它可以将能量从源头传递到任何能吸收能量的物质上。电磁波以连续光谱的形式存在，包括长波和短波。

电磁波的类型

电磁波谱由不同类型的波组成。

无线电波的波长最长，可达10^3纳米，用于传递电视广播以及移动电话通信。它们还应用于遥感和雷达导航系统中。在电磁波谱中，无线电波的能级最低。

和无线电波一样，微波有助于通过空间和遥感来传播信息。在传播信息方面，微波非常高效，因为它们甚至可以穿透云层和雨水。它们还能产生热量，因此应用在微波炉中。

▲ 卫星天线捕捉无线电波用于广播和电视。

红外辐射：能够释放热量，并且可以像可见光一样进行反射。事实上，红外辐射与可见光有许多相似之处。红外传感器用于收集热能数据，在军事侦察中有广泛应用。红外线辐射还可以用于预测天气状况。

可见光：这是电磁波谱中人类唯一可见的部分，范围从390纳米延伸到780纳米。可见光分成多种颜色，每种颜色都代表一种特定的波长。

▲ 红外辐射可以提供物体和生物的热能数据。

颜色区域	波长（纳米）
紫色	380～435
靛色	435～500
蓝色	500～520
绿色	520～565
黄色	565～590
橙色	590～625
红色	625～740

紫外线辐射的波长范围为10～400纳米，介于可见光和X射线之间。它由太阳发出，约占太阳发出光总量的10%。长波的紫外线辐射被认为不是离子辐射，但它仍然能够引起发光和荧光现象等化学反应。短波的紫外线辐射具有危害性，因为它会导致DNA突变和癌症。

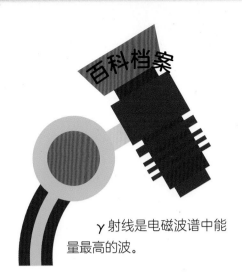

γ射线是电磁波谱中能量最高的波。

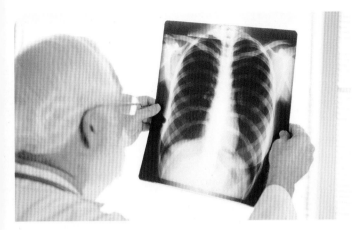

▲ X射线被广泛用于诊断身体内部的问题。

X射线的波长范围为0.01～10纳米，穿透能力强。因此，X射线被用于拍摄人体的骨骼和内部结构。高剂量的X射线会导致癌症和其他有害影响。

γ射线的波长最短，约为0.001纳米。在原子核衰变产生的电磁光谱中能量最高。γ射线只能用铅或混凝土等较为厚重的材料来屏蔽。在宇宙中，恒星爆炸时会发生γ射线爆发。γ射线的辐射剂量超过限度，就会对人体造成严重的伤害。

▼ 恒星爆炸时，可能引发γ射线爆发。

太阳系

　　一直以来，人们都为天空而着迷，并一直试图寻找有关神秘太空的答案。在过去的一百多年里，在对宇宙的认识上，人类取得了显著的进步。

我们的太阳系

　　太阳系包括唯一的恒星即太阳、八大行星以及它们的卫星、矮行星和小行星。太阳系只是银河系的一小部分，银河系还有数十亿其他类似的太阳系恒星系统。

　　行星距离太阳由近到远依次是：水星、金星、地球、火星、木星、土星、天王星和海王星。木星是太阳系中体积仅次于太阳的天体。除了水星和金星，其他行星都有一个或多个卫星。

百科档案

人们认为，太阳系由一颗超新星爆炸形成。

▼ 太阳系由太阳、八大行星及其卫星、矮行星、小行星和彗星等组成。

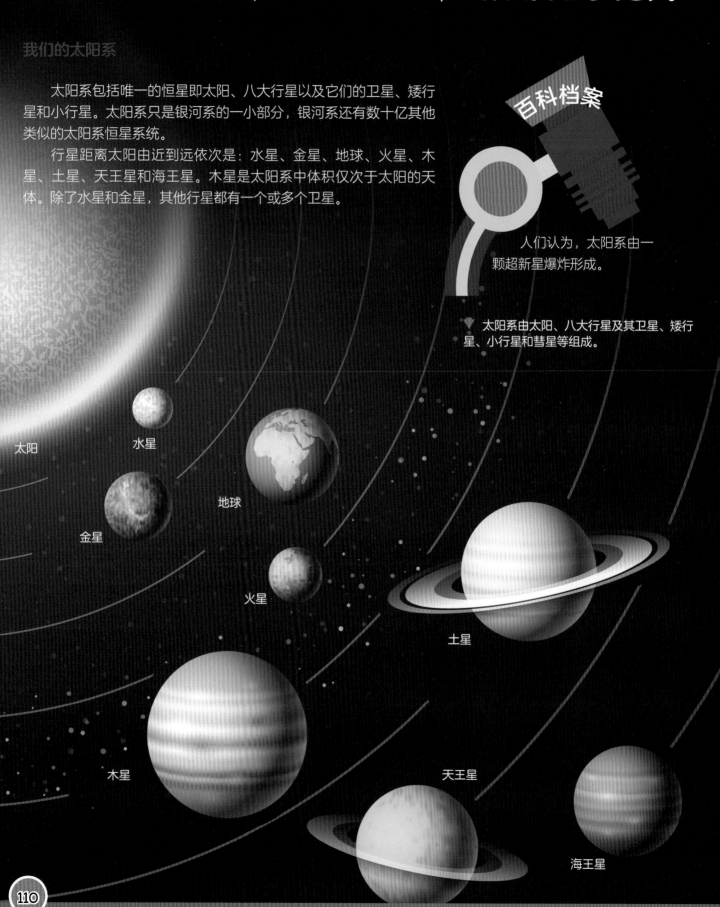

太阳

水星

金星

地球

火星

土星

木星

天王星

海王星

太阳系的形成

太阳和所有行星都是由称为星云的气体和尘埃形成。在太阳系附近的一颗超新星爆炸后，由于重力的作用，旋转的尘埃和气体聚集在一起。被挤压的气体和尘埃快速旋转，旋转中心的温度很高且密度很大，边缘区域的温度则比较低。

尘埃和气体开始在中心的炽热物质周围聚集成行星。星云中的冰物质形成寒冷的行星，即天王星和海王星。氢和氦等轻气体飘浮在离高温质量中心较远的地方，形成木星和土星等大行星。岩石物质则形成了四个内行星。

科学家们通过研究疑是太阳系形成初期残存的陨石，确定了太阳系的年龄约为45亿年。

▲ 旋转的气体和尘埃形成了太阳和行星。

轨道运动

物体围绕恒星或行星运行的弯曲路径称为轨道。太阳作为一个巨大的天体，对各个行星都施加引力。围绕太阳的行星受其引力影响，沿椭圆形轨道绕太阳运行。

行星不会被拉向太阳，因为它们已经沿着垂直于或斜侧于太阳引力的方向运行，力得以平衡，因此行星保持在它们的轨道上，不会飞出轨道或被拉入太阳而烧毁。

同样的道理，使一颗自然卫星（如月球）绕地球轨道运行，它既不会坠落到地球表面也不会完全离开地球。

月亮

地球

人造卫星

牛顿曾预言，如果一个物体能以足够的速度发射到太空中，它就能绕地球运行。当以正确的速度发射时，卫星会以与地球自转相同的速度进入卫星轨道。于是，卫星能够在环绕地球的圆形或椭圆形轨道上运行。

恒星

　　宇宙中有无数的恒星，仅银河系就有数千亿颗。一颗恒星的生命通常开始于一团气体和尘埃，在随后数十亿年里会经历许多阶段，最后耗尽能量，发生坍缩或爆炸形成尘埃。

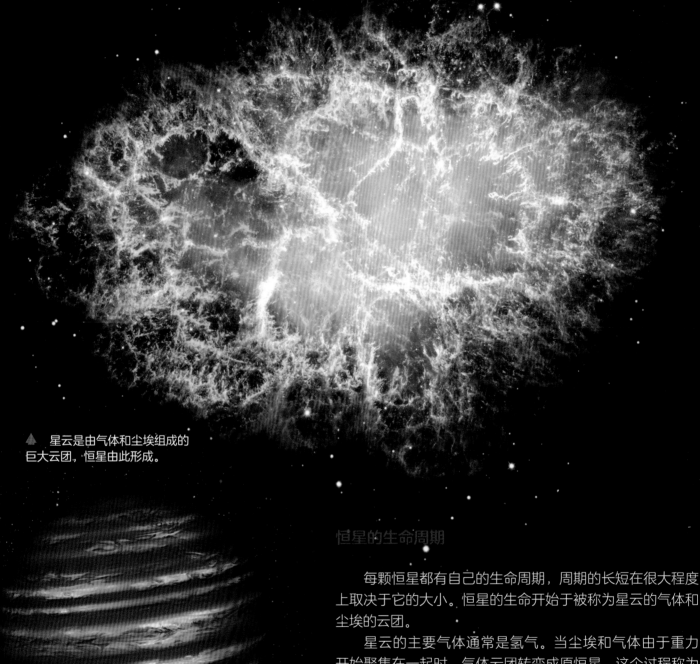

▲ 星云是由气体和尘埃组成的巨大云团，恒星由此形成。

▲ 褐矮星的大小介于小恒星和巨行星之间。

恒星的生命周期

　　每颗恒星都有自己的生命周期，周期的长短在很大程度上取决于它的大小。恒星的生命开始于被称为星云的气体和尘埃的云团。

　　星云的主要气体通常是氢气。当尘埃和气体由于重力开始聚集在一起时，气体云团转变成原恒星。这个过程称为吸积，引力将越来越多的物质吸引到核心区域，温度升高，压力增大。当引力收缩阶段的浓密星云即原恒星的核心升高到特定温度时，就开始了核聚变过程。

　　达到临界温度非常重要，因为如果达不到合适的温度条件，原恒星将永远不会成为恒星。它可能会发展成为一颗褐矮星，体型仅比木星稍大，但密度要远大于木星。

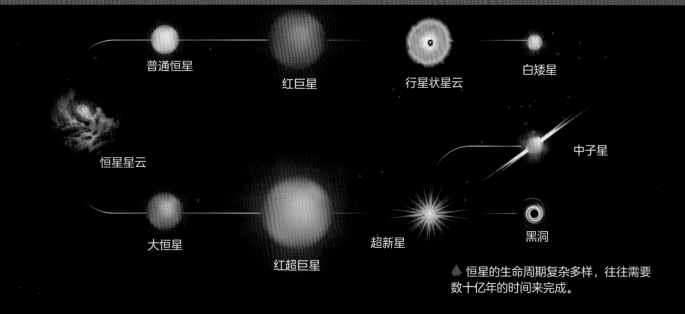

普通恒星　　　红巨星　　　行星状星云　　白矮星

恒星星云

中子星

大恒星　　　红超巨星　　　超新星　　　黑洞

▲ 恒星的生命周期复杂多样，往往需要数十亿年的时间来完成。

太阳是一颗黄色的矮恒星。它通过核聚变产生能量，将氢转化为氦。太阳的引力将高温气体保持在一个有限的空间内，从而使核聚变持续发生。只要有足够的燃料燃烧并产生热量，这个过程就会保持平衡。这一阶段称为恒星的主序星阶段。

太阳已经有45亿~50亿年的历史了。预计在氢耗尽之前，它将继续存在50亿年。随着氢气的耗尽，这颗恒星的主序星阶段也随之结束。在往后大约1亿年的时间里，它将开始冷却并发生坍缩。坍缩释放的能量使恒星的温度升高，并且体积膨胀，使这颗恒星变成一颗红巨星。

之后，恒星的外层爆炸，留下一个体积不超过地球的小核心。在这个阶段，这颗恒星称为白矮星，主要成分是碳和氧。白矮星会失去亮度，最后以黑矮星的形式消失在太空中。在银河系中，大多数恒星（高达97%）都面临着这样的命运。

大型恒星温度更高，亮度更大，但它们的存在时间不像典型的黄矮星那么长。这是因为大型恒星的燃料消耗速度更快。一颗仅仅比太阳大20倍的恒星会以比太阳快36000倍的速度燃烧殆尽，因此只能存在几百万年时间而已。

◀ 恒星在失去外层后变成白矮星。

红移

科学家们观察到来自遥远星系的光的波长变长，这种现象称为红移。星系越远，红移的速度越快，它们的红移随着它们的距离增大而成正比地增加。红移不仅是宇宙快速膨胀的证明，同时也是宇宙大爆炸理论的依据。

百科档案

大多数中等大小的恒星会变成白矮星，而大型恒星会变成超新星。

★ 世界教育学家倾力打造　　陪伴孩子科学健康成长 ★

小爱牛图书

第一辑 7 册

- 《动物世界》
- 《自然灾害》
- 《海洋生物》
- 《世界奇迹》
- 《探索声光电磁》
- 《探索地理、地质和植物》
- 《探索生物、化学和物理》

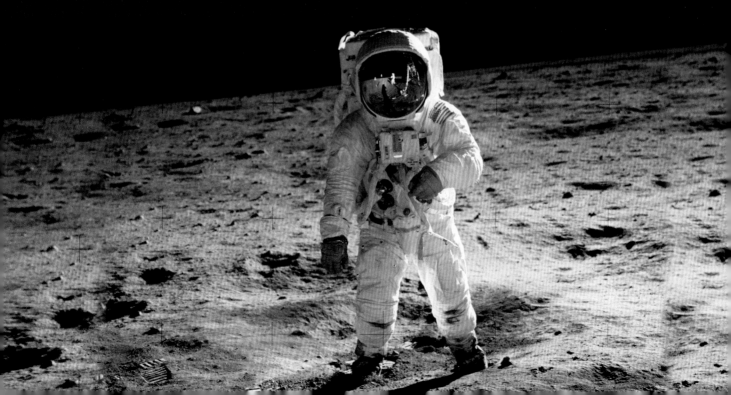